甜蜜美食"码"上来

好吃不发胖

纯天然
精致西点
DIY

吴文达 / 主编

吉林科学技术出版社

图书在版编目（CIP）数据

好吃不发胖，纯天然精致西点DIY / 吴文达主编．
-- 长春：吉林科学技术出版社，2015.10
（甜蜜美食"码"上来）
ISBN 978-7-5384-9894-3

Ⅰ.①好… Ⅱ.①吴… Ⅲ.①西点－制作 Ⅳ.
① TS213.2

中国版本图书馆 CIP 数据核字（2015）第 233518 号

好吃不发胖，纯天然精致西点DIY
Haochi Bu Fapang Chuntianran Jingzhi Xidian DIY

主　　编	吴文达
出 版 人	李　梁
责任编辑	李红梅
策划编辑	朱小芳
封面设计	伍　丽
版式设计	伍　丽
开　　本	723mm×1020mm　1/16
字　　数	220千字
印　　张	14
印　　数	10000册
版　　次	2015年11月第1版
印　　次	2015年11月第1次印刷

出　　版	吉林科学技术出版社
发　　行	吉林科学技术出版社
地　　址	长春市人民大街4646号
邮　　编	130021
发行部电话/传真	0431-85635177　85651759　85651628
	85677817　85600611　85670016
储运部电话	0431-84612872
编辑部电话	0431-85635185
网　　址	www.jlstp.net
印　　刷	深圳市雅佳图印刷有限公司

书　　号	ISBN 978-7-5384-9894-3
定　　价	29.80元

如有印装质量问题　可寄出版社调换
版权所有　翻印必究　　举报电话：0431-85659498

序言
Preface

似乎一想到西点,就会自然而然地与精致、优雅这两个词联系起来,因其华丽的外观,给了我们最直观的视觉冲击。西点,即是西式点心,包括面包、蛋糕、饼干、甜点等。西点不仅囊括了需要用烤箱烘烤的食品,也包括一些冷食。

其实,西点真是如此"可远观而不可亵玩"吗?并不然。看似遥不可及的西点,实际上也不过是用生活中常见的数种材料制作而成的。

本书就给大家提供了近距离接触西点、制作西点的机会,一起来先睹为快。

要学会西点,不掌握点基础知识怎么行。在第一章中,我们先来了解下西点是什么,以及西点的传统分类,再看看哪些是制作西点常用的材料和工具。之后再学习如何揉面、制酱,还有零碎的几个做西点的小攻略。有了这些知识当先导,相信在余下的西点制作学习中,也会轻松许多。

讲完了理论性的知识,接下来就要开始动手做西点了,一起来领略这个五花八门的西点世界吧。

第二章介绍的是形式多样的面包。面包可谓是西点的重中之重,既可以作为主食,又能兼当点心食用,加之外形讨喜,口感松软,因此受到广泛喜爱。本书按照最传统的分类,将面包分为了主食面包、花色面包、起酥面包和调理面包四种。主食面包就是作为主食的面包,造型虽各异,用料却大同小异,辅助原料很少使用,形状相对单调;花色面包又分为夹馅面包、表面喷涂面包、油炸面包圈等,形状各异,其辅料配比优于主食面包;起酥面包使用了较多的油脂,多是在面团中包入酥油制成;调理面包则主要指那些经过二次加工的面包,如三明治、汉堡包、热狗等,都是街头巷尾的热点美食。

第三章介绍的是口感一流的各式蛋糕。蛋糕可谓是下午茶的标准配置,是西点中的经典,外形虽没有面包那般多变,但更多是在材料上下功夫,经过对用料和工艺的琢磨,延伸出丰富的种类。本书将蛋糕分为面糊类蛋糕、乳沫类蛋糕、戚风类蛋糕和混合型蛋糕四种。面糊类蛋糕的油脂用量较高,可达60%,常见

的有重油蛋糕等；乳沫类蛋糕的主要原料为鸡蛋，少固体油脂，常见的有天使蛋糕、海绵蛋糕等；戚风类蛋糕主要指的就是戚风一类的蛋糕；混合型蛋糕通常指同时使用两种特色的蛋糕，常见的有乳酪蛋糕等。

第四章介绍的是个头小却不容忽视的饼干。饼干相信是无数女生的至爱，外形丰富多变，口感有脆有韧、有甜有咸，颜色也是千变万化，但却是无一例外的美味可口。本书主要将饼干分为酥性饼干、发酵饼干、薄脆饼干、曲奇饼干和华夫饼干五种。酥性饼干是最常见的一类饼干，如奶油饼干、葱香饼干等；发酵饼干以酵母为疏松剂，如苏打饼干等；薄脆饼干特点在于薄、脆；曲奇饼干则是各类曲奇，口感酥脆；华夫饼干是用华夫炉特制的一类饼干。

第五章介绍的是数之不尽的花样甜点。西点中的甜点很多，本书中主要列举了果冻、布丁、奶酪、泡芙、蛋挞、派、酥、马卡龙等几种，为你展现色彩艳丽的西点世界。果冻多用果冻粉冷冻制成，呈半固体状；布丁主要由烘烤制成，由浆状材料凝固而成；奶酪即是浓缩的牛奶制品；泡芙是由蓬松张孔的面皮裹着奶油、巧克力、冰淇淋等制成的；蛋挞是以蛋浆做成馅料的西式馅饼，主要材料为砂糖、鸡蛋；派是经典的美式食品，形状、口味、大小都可不同，裹着的馅料也各异；酥的口感松脆，多用酥油制成；马卡龙是来自法国的著名甜点，用蛋白、细砂糖等制成，通常在两块饼之间夹有果酱或奶油等内馅。

为使阅读更方便，本书还为所有西点配有精美大图和详细的做法说明，更全部配有二维码。只要拿起手机扫一扫，就能非常直观地看到每款西点的制作过程，跟着视频学做西点，简直不能再高大上了！

介绍了如此繁多的西点，你是否已经垂涎三尺，忍不住想要好好实践一番了呢？那就不要犹豫，赶紧行动起来吧。动动手，甜蜜美食"码"上到你手中！

目录 Contents

Part 1
花点时间做西点，基础要掌握

一、掌握西点小知识，上手不再难
- 002　01 西点到底是什么
- 002　02 传统西点的分类

二、看清楚这些西点常用的工具
- 004　烤箱 / 电子秤 / 电动搅拌器 / 搅拌器 / 擀面杖 / 面粉筛
- 005　烘焙纸 / 刮板 / 奶油抹刀 / 齿形面包刀 / 蛋糕脱模刀 / 毛刷
- 006　吐司模 / 饼干模 / 蛋糕纸模 / 布丁模 / 蛋挞模 / 甜甜圈模

三、西点常用的材料都在这里
- 007　高筋面粉 / 低筋面粉 / 酵母 / 苏打粉 / 泡打粉 / 糖粉
- 008　细砂糖 / 动物淡奶油 / 植物鲜奶油 / 黄油 / 片状酥油 / 食用油

四、揉面、制酱，成功西点将出炉
- 009　基础面团的制作方法
- 010　揉丹麦面团的方法
- 011　制作巧克力酱 / 制作日式乳酪酱

五、攻略碎碎念，做西点不失败
- 012　01 黄油&奶油，傻傻分不清楚
- 013　02 蛋清蛋黄，剩了怎么办
- 013　03 蛋糕脱模，一定要防粘
- 014　04 面包保存别过期

Part 2

咬一口松软面包，大大的满足感

一、主食面包

- 016　白吐司
- 017　燕麦吐司
- 018　贝果
- 020　罗宋包
- 022　法国风味面包
- 024　德式小餐包
- 025　全麦餐包
- 026　早餐包

二、花色面包

- 028　墨西哥面包
- 029　花式红豆包
- 030　毛毛虫
- 032　金色城堡
- 034　水果半岛
- 035　雪菠萝
- 036　菠萝包
- 037　洛克面包
- 038　爆酱面包
- 040　杂蔬火腿芝士卷
- 041　洋葱培根芝士包

三、起酥面包

- 042　布里欧修
- 043　丹麦手撕包
- 044　酥油面包条
- 046　丹麦可颂
- 048　酥油金砖
- 050　童话风味吐司
- 052　千层面包
- 053　肉松起酥面包

四、调理面包

- 054　烤吐司
- 055　法国吐司
- 056　汉堡包

- 058 热狗
- 060 谷物贝果三明治
- 061 素食口袋三明治
- 062 早餐三明治
- 063 香烤奶酪三明治
- 064 吐司水果三明治

Part 3
切一块丝滑蛋糕，尝出多重美味

一、面糊类蛋糕

- 066 重油蛋糕
- 067 瓦那蛋糕
- 068 布朗尼蛋糕
- 070 芬妮蛋糕
- 072 玛芬蛋糕
- 073 巧克力玛芬蛋糕
- 074 安格拉斯
- 076 香杏蛋糕
- 077 魔鬼蛋糕

二、乳沫类蛋糕

- 078 红茶海绵蛋糕
- 079 红茶伯爵
- 080 简易海绵蛋糕
- 082 奥地利北拉冠夫蛋糕
- 084 红豆蛋糕
- 085 红豆天使蛋糕
- 086 风味玉米蛋糕
- 087 迷你蛋糕
- 088 马力诺蛋糕
- 090 大方糕
- 091 熔岩蛋糕

三、戚风类蛋糕

- 092 咖啡戚风蛋糕
- 093 北海道戚风杯
- 094 枕头戚风蛋糕

096 巧克力毛巾卷
098 红豆戚风蛋卷
100 蔓越莓蛋糕卷
101 水晶蛋糕

四、混合型蛋糕
102 重芝士蛋糕
103 轻乳酪蛋糕

104 芝士蛋糕
106 红豆乳酪蛋糕
108 舒芙蕾芝士蛋糕
110 柠檬冻芝士蛋糕
111 大理石冻芝士蛋糕
112 棉花蛋糕
114 原味提拉米苏

Part 4

嚼一块酥脆饼干，足够补充能量

一、酥性饼干
117 草莓酱可球
118 娃娃饼干
119 香酥小饼干
120 柳橙饼干
123 美式巧克力豆饼干
124 四色棋格饼干
126 圣诞牛奶薄饼干
127 牛奶方块小饼干

二、发酵饼干
129 苏打饼干
130 芝麻苏打饼干
131 红茶苏打饼干
133 海苔苏打饼干
134 高钙奶盐苏打饼干

三、薄脆饼干
137 蛋白甜饼
138 芝麻薄脆饼

- 139 南瓜籽薄片
- 141 抹茶薄饼
- 142 花生薄饼
- 144 杏仁瓦片
- 145 猫舌饼
- 147 黑芝麻咸香饼

四、曲奇饼干
- 149 罗蜜雅饼干
- 150 曲奇饼
- 152 奶酥饼

- 153 星星小西饼
- 155 罗曼咖啡曲奇
- 157 巧克力腰果曲奇

五、华夫饼干
- 159 香芋松饼
- 160 奶油松饼
- 162 抹茶格子松饼
- 163 小松饼
- 164 可丽饼

Part 5
品一款花样甜点，万千质感任选

一、果冻类
- 166 草莓果冻
- 167 咖啡果冻
- 168 三色果冻
- 170 巧克力果冻
- 171 红茶果冻

二、布丁类
- 172 焦糖布丁
- 173 红茶布丁
- 174 抹茶焦糖双层布丁
- 176 巧克力双色布丁

三、奶酪类
- 179 黄金乳酪

180　英式红茶奶酪

四、泡芙类
183　冰激凌泡芙

184　脆皮泡芙

186　日式泡芙

187　闪电泡芙

五、蛋挞类
188　巧克力蛋挞

189　樱桃椰香蛋挞

190　脆皮蛋挞

192　脆皮葡挞

六、派类
194　草莓派

195　黄桃派

196　杏仁牛奶苹果派

198　酸奶乳酪派

七、酥类
201　罗兰酥

202　千层糖酥

八、马卡龙类
205　马卡龙

206　抹茶马卡龙

208　巧克力马卡龙

九、其他甜点
211　雪媚娘

212　蜜奶铜锣烧

214　巧克力糖

Part 1 花点时间做西点，基础要掌握

学会做西点，提升生活品质。本章介绍了做西点需知晓的基础知识，包括常用工具和材料、揉面和制酱的方法以及攻略介绍等，如果想让自己的手艺有所精进，不妨花点时间啃一啃，打牢基础。

掌握西点小知识，上手不再难

西点是什么？
西点的分类是什么？
见识过花样繁多的西点，你可曾在心里发出疑惑？
面包、蛋糕、饼干、甜点，都是怎样的西点呢？
掌握这些小知识，让理论实践相结合，于是做西点也不再难了。

01
西点到底是什么

西式面点简称西点，主要是指来源于欧美国家的糕饼点心。它是以面粉、糖、油脂、鸡蛋和乳品为主要原料，辅以干、鲜果和调味料，经过调制、成形、成熟、装饰等工艺过程制成，具有一定色、香、味、形的营养食品。

西点具有以下特点：
①用料讲究营养丰富
②工艺性强成品美观
③口味清香甜咸酥松

02
传统西点的分类

蛋糕类

以鸡蛋、糖、油脂、面粉为主要原料，配以水果、奶酪、巧克力、果仁等辅料，经过一系列加工而制成的松软点心。根据使用的原料、搅拌方法和面糊性质可分为：面糊类（油脂类）、乳沫类（海绵类、清蛋糕）、戚风类、混合型四种。

面包类

发酵烘焙食品，是以面粉、酵母、盐和水为基本原料，添加适量糖、油脂、乳品、蛋、果料、添加剂等，经过搅拌发酵成形、饧发烘焙等工艺而制成的组织松软富有弹性的制品。

分类方法较多，主要有：

①按软硬程度分

软式面包，配方中使用较多的糖、油脂、鸡蛋、水等柔性原料，组织柔软，结构细腻，如亚洲和美洲国家生产的大部分面包、汉堡包、热狗、三明治。我国生产的大多数面包属于软式面包。

硬式面包，配方中使用小麦粉、酵母、水、盐为基本原料，表皮硬脆有裂纹，内部组织柔软，咀嚼性强，如法包、荷兰面包、大列巴，以欧式为主。

②按内外质地分

软质面包：甜面包、白吐司面包等。

硬质面包：菲律宾面包等。

脆质面包：法式长棍面包等。

松质面包：牛角面包等。

③按用途分

按照用途，可以分为主食面包、餐包、点心面包、快餐面包等。

④按地域分

法式：以棍式面包为主，皮脆心软。

意式：橄榄形、棒形、半球形等。

德式：以黑麦粉为主要原料，多采用一次发酵法，面包酸度较大。

俄式：大而圆，或呈梭子形，表皮硬而脆。

英式：多采用一次发酵法，面包发酵程度小。

美式：以长方形白面包为主，松软，弹性足。

饼干类

饼干又称干点小西点，重量和体积较小，以一口一个为宜，适用于酒会、茶会或餐后食用，有甜咸之分。

泡芙类

泡芙又称气鼓、哈斗、空心饼，是将黄油、水或牛奶煮沸后，烫制面粉，再搅入鸡蛋制成面糊，通过挤注成形，烘焙或油炸空心，内部夹馅食用。

混酥类

混酥又称之为油酥或松酥，主要类型有派和挞。

派，俗称馅饼，有单皮派和双皮派之分，形状较大，多切成块状；挞是欧洲人对派的称呼，多指的是单皮、较小型的"馅饼"，形状有圆形、椭圆形、船形、长方形等。

起酥类

起酥，国内称为清酥或层酥，是由两种性质完全不同的面团（酥皮、面皮）互为表里，反复擀制、折叠、冷冻制成的面坯，经过成形、烤制等工艺而制成的一类点心，层次清晰，口感酥脆，口味主要有咸甜之分。

冷冻食品类

冷冻食品通常指通过冷冻成形的甜点，如果冻、慕斯、冰激凌等。

看清楚这些西点常用的工具

烤箱
一般情况下，在家庭中使用烤箱时都是用来烤制一些饼干、点心和面包等食物。它是一种密封的电器，同时也具备烘干的作用。通过烤箱做出来的食物一般香气清新、浓郁。

电子秤
电子秤，又叫电子计量秤，适合在西点制作中用来称量各式各样的粉类（如面粉、抹茶粉等）、细砂糖等需要准确称量的材料。

电动搅拌器
电动搅拌器包含一个电机身，配有打蛋头和搅面棒两种搅拌头。电动搅拌器可以使搅拌的工作更加快速，材料搅拌得更加均匀。

搅拌器
搅拌器通常是不锈钢材质的，是制作西点时必不可少的烘焙工具之一，可以用于打发蛋白、黄油等，制作一些简易小蛋糕，但使用时需费时费力。

擀面杖
擀面杖是一种用来压制面条、面皮的工具，多为木制，以香椿木为上品。擀面杖有好多种，长而大的擀面杖用来擀面条，短而小的擀面杖用来擀饺子皮、烧卖皮。

面粉筛
面粉筛一般都是不锈钢制成，用来过滤面粉的烘焙工具，面粉筛底部都是漏网状的，一般做蛋糕或饼类时会用到，可以过滤掉面粉中含有的其他杂质，使得做出来的蛋糕更加膨松，口感更好。

烘焙纸

烘焙纸用于烤箱内烘烤食物时垫在底部，防止食物粘在模具上面导致清洗困难。做饼干或是蒸馒头等时都可以把它置于底部，能保证食品干净卫生，垫盘、隔油都可以用。

刮板

刮板又称面铲板，是制作面团后刮净盆子或面板上剩余面团的工具，也可以用来切割面团及修整面团的四边。刮板有塑料、不锈钢、木制等多种。

奶油抹刀

奶油抹刀一般用于蛋糕裱花的时候涂抹奶油或者抹平奶油，或者在食物脱模的时候用来分离食物和模具，以及其他各种需要刮平和抹平的地方都可以使用。

齿形面包刀

齿形面包刀形如普通厨具小刀，但是刀面带有齿锯，一般适合切面包，也有人用来切蛋糕。

蛋糕脱模刀

蛋糕脱模刀是用来分离蛋糕和蛋糕模具的小刀，长约20~30厘米，一般有塑料或者不锈钢的，不伤模具。用蛋糕脱模刀紧贴蛋糕模壁轻轻地划一圈，倒扣蛋糕模即可分离蛋糕与蛋糕模。

毛刷

毛刷是用来制作主食的用具，尺寸多样化，1寸、1寸半、2寸甚至到5寸都有。它能够用来在面皮表面刷上一层油脂，也能够用于在制好的蛋糕或者点心上刷上一层蛋液。

吐司模

吐司模，顾名思义，主要用于制作吐司。为了方便，可以在选购时购买金色不粘的吐司模，不需要涂油防粘。

饼干模

饼干模有多种款式、多种形状的，包括圆形、花形、方形等，主要是在压制饼干或各种水果酥的时候使用。

蛋糕纸模

蛋糕纸模是在做小蛋糕的时候使用。使用相应形状的蛋糕纸模能够做出相应的蛋糕形状，适合用于制作儿童喜爱的小糕点。

布丁模

布丁模一般是由陶瓷、玻璃制成的杯状模具，形状各异，可以用来DIY酸奶，做布丁等多种小点心，小巧耐看，耐高温。可用白醋和清水清洗。

蛋挞模

蛋挞模，用于制作普通蛋挞或葡式蛋挞时使用。一般选择铝模，压制比较好，烤出来的蛋挞口感也比较好。

甜甜圈模

甜甜圈模为杯状，圆形较多，分内圈和外圈。把面包和面团擀好以后，将甜甜圈模用力压下，这时候就有了圆圈状的面团，经过发酵和油炸以后就成了可口美味的甜甜圈了。

西点常用的材料都在这里

高筋面粉
高筋面粉的蛋白质含量在12.5%~13.5%，色泽偏黄，颗粒较粗，不容易结块，比较容易产生筋性，较适合用来做面包、松饼、泡芙，以及部分酥皮类起酥点心。

低筋面粉
低筋面粉的蛋白质含量在8.5%，色泽偏白，颗粒较细，容易结块，适合制作蛋糕、饼干等。如果没有低筋面粉，可以按75克中筋面粉配25克玉米淀粉的比例自行配制双色低筋面粉。

酵母
酵母是一种微小的单细胞生物，能够把糖发酵成酒精和二氧化碳，属于一种比较天然的发酵剂，不会在制作馒头或者面团时引入致病的其他杂菌，而且能够使得做出来的包子、馒头等味道纯正、浓厚。

苏打粉
苏打粉，俗称为"小苏打"，又称"食粉"。在做面包、馒头等烘焙食物时会经常用到苏打粉，它有一种使食物膨化、吃起来更加松软可口的作用，适量地食用可起到中和胃酸的功能。

泡打粉
泡打粉作为膨松剂，一般都是由碱性材料配合其他酸性材料，并以淀粉作为填充剂组成的白色粉末。它在遇到热水的情况下可以快速起发，起反应，人们常常用它来制作蛋糕等等。

糖粉
糖粉的外形一般都是洁白色的粉末状，颗粒极其地细小，含有微量玉米粉，直接过滤以后的糖粉可以用来制作蛋糕一类的食物。大致分为白砂糖粉和冰糖粉两种。

细砂糖

细砂糖是经过提取和加工以后结晶颗粒较小的糖。通常所说的细砂糖都属于白砂糖。在烘焙里,制作蛋糕或饼干的时候,通常都使用细砂糖,它更容易融入面团或面糊里。

动物淡奶油

动物淡奶油又叫做淡奶油,是由牛奶提炼出来的,本身不含有糖分,白色如牛奶状,但是比牛奶更为浓稠。在打发前需要放在冰箱冷藏8小时以上。

植物鲜奶油

植物鲜奶油,也叫做人造鲜奶油,大多数含有糖分,白色如牛奶状,同样比牛奶浓稠。通常用于打发后装饰在糕点上。

黄油

黄油又叫乳脂、白脱油,是将牛奶中的稀奶油和脱脂乳分离后,使稀奶油成熟并经搅拌而成的。黄油一般应该置于冰箱存放。

片状酥油

片状酥油是一种浓缩的淡味奶酪,由水乳制成,色泽微黄,在制作时要先刨成丝,经高温烘烤就会化开。

食用油

食用油是指各种植物原油经脱胶、脱色、脱脂等加工程序精制而成的高级食用植物油。制作西点时用的食用油一定要是无色无味的,如玉米油、葵花油、橄榄油等。最好不要使用花生油这类有浓郁味道的油。

揉面、制酱，成功西点将出炉

开窝加水时，要特别注意不要让水溢出来。

基础面团的制作方法

原料

高筋面粉250克，酵母4克，黄油35克，细砂糖50克，水100毫升，奶粉10克，蛋黄15克

工具 / 刮板1个

做法

1 将高筋面粉倒入案台上。

2 加入酵母、奶粉，充分拌匀，用刮板开窝。

3 往材料中加入细砂糖、蛋黄、水。

4 把内层高筋面粉铺进窝，让面粉充分吸收水分。

5 将材料混合均匀。

6 揉搓成面团，加入黄油。

7 揉搓，让黄油充分地在面团中揉匀。

8 将面团揉至表面光滑，静置即可。

揉丹麦面团的方法

原料

高筋面粉170克,低筋面粉30克,黄油20克,鸡蛋40克,片状酥油70克,水80毫升,细砂糖50克,酵母4克,奶粉20克

工具 / 擀面杖1根,刮板1个

> tips
> 揉面团时力度最好一致,烤出的口感更好。

做法

1 将高筋面粉、低筋面粉、奶粉、酵母搅拌均匀。

2 用刮板在中间掏一个窝,倒入细砂糖、鸡蛋,拌匀。

3 倒入水,将内侧的粉类跟水搅拌均匀。

4 再倒入黄油,边翻搅边按压,制成表面平滑的面团。

5 用擀面杖将面团擀成长形面片,放入片状酥油,包好。

6 封紧面片四周,用擀面杖擀至里面的酥油分散均匀。

7 将面片叠三层,放入冰箱冰冻10分钟后取出擀薄,依此反复进行3次。

8 将擀好的面片切成大小一致的4等份,装入盘中即可。

原料

巧克力120克，奶油55克，白砂糖30克，白兰地20克，牛奶100毫升

制作巧克力酱

做法

1 锅中倒入奶油、白兰地。

2 加入白砂糖，稍稍搅拌。

3 倒入牛奶。

4 用小火煮至材料溶化。

5 放入巧克力，搅拌至溶化。

6 关火后将煮好的巧克力酱装碗即可。

原料

水100毫升，蛋糕油5克，糖粉50克，低筋面粉100克，奶粉10克

制作日式乳酪酱

做法

1 水、糖粉装碗，用电动搅拌器拌匀。

2 再倒入蛋糕油、奶粉、低筋面粉。

3 将材料稍稍拌匀。

4 快速搅拌3分钟至成细滑酱料。

5 取一个小玻璃碗和长柄刮板。

6 用长柄刮板将酱装入小玻璃碗即可。

攻略碎碎念,做西点不失败

用黄油还是奶油,如何分辨?
蛋黄、蛋清如果分开用,用剩了该怎么办?
蛋糕脱模是非常重要的一步,防粘措施应如何按分类而异?
刚出炉的面包很新鲜,可放久了的面包该怎么保存呢?
以上诸多疑虑,你都有答案吗?不知道的,就跟着一起找攻略吧。

01
黄油 & 奶油,傻傻分不清楚

黄油是从牛奶中提炼出来的油脂,又叫做牛油。黄油中约含80%的脂肪,剩下的是水及其他牛奶成分,拥有天然的浓郁乳香。黄油在冷藏的状态下是比较坚硬的固体,而在28℃左右会软化,此时可通过搅打使其裹入空气,体积变得膨大,俗称"打发",但当温度达到34℃以上,黄油会溶化成液态,此时无法打发。

"奶油"一般可以分为浓奶油、稀奶油两种。一般来说,烘焙中所指的"奶油"即是黄油,而我们通俗说法中所指的那种"奶油",也就是裱花奶油,如生日蛋糕上涂抹的那种,实际上叫做稀奶油。

此外,还有一种从牛脂肪里提炼出来的油脂,也叫做牛油。这种牛油口感很差,一般不用来食用。因此,一般在烘焙中出现的"牛油"也是指黄油。

02
蛋清蛋黄，剩了怎么办

做西点时，如果剩下了蛋清、蛋黄，可以为其另寻用处，不用担心会浪费掉。

蛋清非常容易保存，只要盖上保鲜膜后放进冰箱，保存一个星期完全没有问题，而如果采用冷冻保存，甚至可以保存3个月。

相对而言，蛋黄较不易保存。因为蛋黄易变质，不能像蛋清一样冷冻起来，否则解冻后其组织会被破坏，无法再用。如果剩下蛋黄，最好在当天用完，做成冰激凌或沙拉酱，都是不错的选择。

03
蛋糕脱模，一定要防粘

制作蛋糕、派、吐司时，一定会用到模具，如蛋糕转盘、蛋糕模、吐司模、派模。如果是防粘的模具，则不用担心，但如果使用的是不防粘的金属模具，就需要多注意了。

如果模具本身不防粘，烘烤之前就需要进行处理：

①黄油加热溶化成液态以后，用毛刷蘸黄油，刷在模具内壁上（或者直接将软化的黄油用手涂抹在模具内壁上）。

②在已经刷了黄油的模具内撒上一些干面粉。

③轻轻摇晃模具，使面粉均匀地粘在模具内壁上。

④倒出多余的面粉，模具就处理好了。

在进行防粘处理的时候，有几个问题需注意：

①黄油如果换成植物油，也同样有防粘功能，但是防粘性没有黄油好。一般来说，这几种防粘方法的防粘效果由好到坏排列如下：涂黄油＋撒面粉＞只涂黄油＞只涂植物油。

②不管什么类型的模具，采取的防粘措施都是一样的。

③有些类型的蛋糕不能采取防粘措施，如咸风蛋糕，因为烤的过程中蛋糕需依靠模具的附着力才能充分膨胀。

④制作那些外观比较光滑的甜点，如布丁，模具只需要涂抹黄油，不需要撒面粉，否则会影响甜点的外观。

⑤千层酥皮类甜点在制作过程中，本身会渗出较多黄油，烤好后基本不会粘模具，可不采取任何防粘措施。

04
面包保存别过期

面包的保质期较短。面包变质，一般是变硬变粗糙、发霉、馅料腐坏等，而引起这一变化的原因往往就是淀粉的老化。而不同的面包，保质期也是不一样的。

甜面包、吐司（不含馅）——保质期 2~3 天

甜面包的保质期相对较长，在保质期内，面包的口感基本上能保证不发生大的变化，即面包依然会比较松软。

面包、吐司（含馅）——保质期 2~3 天或 1 天

如果是软质馅料，如豆沙、椰蓉、莲蓉等，这类面包可以储存 2~3 天；如果是含肉馅的面包，只能储存 1 天。

调理面包——保质期 1 天

调理面包的保质期最短，其原因却不是淀粉的老化，而是馅料的腐败。

热加工的调理面包（即面包里的肉类是和面团一起放进烤箱去烤的），即使放进冰箱冷藏，保质期也不会超过 1 天，而且极大牺牲了口感，因此室温保存即可。

冷加工的调理面包（即面包里的肉类是在面包出炉冷却以后再夹进去的，如三明治）必须放进冰箱冷藏，才能保存 1 天，放在室温下保质期不超过 4 小时。这类面包如果不立即吃掉，建议冷藏。

丹麦酥油面包——保质期 3~5 天

丹麦面包的保质期较长。但请注意，如果是带肉馅的丹麦面包，保质期同样只有 1 天。

硬壳面包——保质期 8 小时

硬壳面包在出炉后，面包内部的水分会不断向外部渗透，最终使外壳吸水而变软。超过 8 个小时的硬壳面包，外壳会像皮革般难以下咽。即使重新烘烤，也很难恢复刚出炉的口感。

重油面包——保质期 7~15 天

重油面包因高油、高糖，保质期很长。但注意制作的时候不要随意减油减糖，否则除了影响口感，也会缩短保质期。

要注意的是，以上所说的保质期一般是指 18~25℃室温下的保质期。如果放进冰箱冷藏，一般面包的保质期都不会超过 1 天。

如果想要延长面包的保存期，可以采用冷冻保存法。因为虽然低温会加速淀粉的老化，但当温度降低到 0℃以下时，淀粉的老化反而会减缓。因此，将面包放进保鲜袋后拿到冰箱冷冻室急速冷冻到 -18℃即可。吃的时候拿出来，在面包上喷点水，重新烘烤解冻即可。

但是要注意，冷冻保存法只能保存 2 个星期左右，且只适用于不含馅的面包，如吐司、法棍、粗粮面包等。

Part 2 咬一口松软面包，大大的满足感

面包可以果腹，小小一个就能带来无限满足感。本章中介绍了主食面包、花色面包、起酥面包和调理面包四种，各式各样的面包，有酥有软，有甜有咸，馅料饱满，混合出清新爽口好滋味。

主食面包 ZHU SHI MIAN BAO

白吐司

🌡 上火170℃、下火220℃　⏰ 25分钟

原料

高筋面粉500克，黄油70克，奶粉20克，细砂糖100克，盐5克，鸡蛋1个，水200毫升，酵母8克，蜂蜜适量

工具 / 搅拌器、方形模具、刮板、玻璃碗各1个，刷子1把，烤箱1台，保鲜膜适量

做法

1. 将细砂糖、水倒入玻璃碗中，用搅拌器搅拌至细砂糖溶化，待用。
2. 把高筋面粉、酵母、奶粉倒在案台上，用刮板开窝。
3. 倒入糖水，混合均匀，并按压成形。
4. 加入鸡蛋，混合均匀，揉搓成面团。
5. 将面团稍微拉平，倒入黄油，揉搓均匀。
6. 加入盐，揉搓成光滑的面团。
7. 用保鲜膜将面团包好，静置10分钟。
8. 将面团对半切开，并揉搓成圆球。
9. 放入抹有黄油的方形模具中，使其发酵90分钟。
10. 再放入烤箱，以上火170℃、下火220℃烤25分钟至熟。
11. 从烤箱中取出方形模具。
12. 将烤好的面包脱模，装入盘中，刷上适量蜂蜜即可。

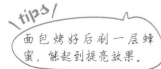

面包烤好后刷一层蜂蜜，能起到提亮效果。

燕麦吐司

上火170℃，下火200℃　20分钟

tips: 模具里刷一层黄油，易于脱模。

原料

高筋面粉250克，燕麦30克，清水100毫升，鸡蛋1个，细砂糖50克，黄油35克，酵母4克，奶粉20克

工具

刮板、方形模具各1个，刷子1把，擀面杖1根，烤箱1台

做法

1. 把高筋面粉倒在案台上，加入燕麦、奶粉、酵母。
2. 用刮板将材料混合均匀，开窝。
3. 倒入鸡蛋、细砂糖，搅匀。
4. 加入清水，搅拌均匀。
5. 加入黄油，混匀，搓成纯滑面团。
6. 把面团分成均等的两份，放入四周刷了一层黄油的方形模具中，常温1.5小时发酵，约为原面皮体积的2倍。
7. 将生坯放入烤箱中，以上火170℃、下火200℃烤20分钟，取出。
8. 把燕麦吐司从模具中取出，装在盘中即可。

贝果

🌡 上火190℃、下火190℃　⏰ 15分钟

原料

高筋面粉500克
黄油70克
奶粉20克
细砂糖100克
盐5克
鸡蛋1个
水200毫升
酵母8克
蜂蜜适量

工具

刮板1个
玻璃碗1个
搅拌器1个
擀面杖1根
刷子1把
烤箱1台
保鲜膜适量

tips：刷上一层蜂蜜，可使口感更好。

做法

1

将细砂糖、水倒入玻璃碗中,用搅拌器拌至细砂糖溶化,拌成糖水待用。

2

将备好的高筋面粉、酵母、奶粉倒在案台上,用刮板开窝。

3

倒入糖水,混匀,按压成形。

4

加入鸡蛋,混合均匀,并揉搓成面团。

5

将面团稍微拉平,倒入黄油揉搓均匀。

6

加入盐,揉搓成光滑的面团。

7

用保鲜膜将揉好的面团包好,静置10分钟。

8

将面团分成数个60克一个的小面团,揉成球形。

9

用擀面杖将小面团擀成面皮,将面皮两边向中间折叠起来。

10

用手将小面团搓成细长条。

11

将一端擀平,把长条围成圆圈。

12

将两端固定在一起,制成生坯。

13

把生坯放入烤盘中,使其发酵90分钟。

14

将烤盘放入烤箱里,温度调为上火190℃、下火190℃,烤15分钟至熟。

15

从烤箱中取出烤盘,装入盘中,刷上适量蜂蜜。

罗宋包

上火190℃、下火190℃　15分钟

原料

高筋面粉500克
黄油70克
奶粉20克
细砂糖100克
盐5克
鸡蛋50克
水200毫升
酵母8克
低筋面粉适量

工具

刮板1个
玻璃碗1个
搅拌器1个
筛网1个
擀面杖1根
小刀1把
烤箱1台
保鲜膜适量

tips: 小刀最好比较锋利，这样才容易划开面团。

做法

1 将细砂糖、水倒入玻璃碗,用搅拌器搅拌至细砂糖溶化,拌成糖水待用。

2 将备好的高筋面粉、酵母、奶粉倒在案台上,用刮板开窝。

3 倒入糖水,混匀,按压成形。

4 加入鸡蛋,混匀,揉成面团。

5 将面团稍拉平,倒入黄油,揉搓均匀。

6 加入盐,揉搓成光滑的面团。

7 用保鲜膜将揉好的面团包好,静置10分钟。

8 将面团分成数个60克一个的小面团,揉成球形。

9 用擀面杖将面团擀平,从一端开始卷起,揉成橄榄形。

10 放入烤盘,使其发酵90分钟。

11 用小刀在发酵好的面团上划一道口子。

12 在面团中间的切口部位,放入适量黄油。

13 将适量低筋面粉过筛至面团上。

14 将烤箱调为上火190℃、下火190℃,预热后放入烤盘,烤15分钟至熟。

15 从烤箱中取出烤盘,将烤好的罗宋包装入盘中。

法国风味面包

🌡 上火200℃、下火200℃　⏰ 20分钟

tips
面团应完全发酵，烤好的面包才不会塌陷。

原料

鸡蛋1个
黄油25克
高筋面粉260克
酵母3克
盐适量
水80毫升

工具

玻璃碗1个
刮板1个
筛网1个
擀面杖1根
小刀1把
烤箱1台
电子秤1台

做法

1 将酵母、盐放入装有250克高筋面粉的玻璃碗中，搅拌均匀。

2 将拌好的材料倒在案台上，用刮板开窝。

3 放入鸡蛋、水，按压，拌匀。

4 加入20克黄油，继续按压拌匀。

5 揉搓成面团，静置10分钟，再揉搓成长条状。

6 用刮板把面团分成四个大小均等的小面团。

7 将小面团用电子秤称出2个100克的面团。

8 用擀面杖把面团擀成片。

9 从一端开始，将面皮卷成卷，揉搓成条状。

10 把面团放入烤盘中，用小刀在上面斜划两刀，发酵120分钟。

11 把少许高筋面粉过筛至发酵好的面团上。

12 放入适量黄油。

13 将烤盘放入烤箱，以上、下火均200℃，烤20分钟至熟，取出，装盘即可。

德式小餐包

🌡 上火190℃、下火190℃　⏰ 10分钟

原料

高筋面粉500克，黄油70克，奶粉20克，细砂糖100克，盐5克，鸡蛋1个，水200毫升，酵母8克，芝士粉适量

工具 / 刮板1个，玻璃碗1个，搅拌器1个，保鲜膜适量，烤箱1台

做法

1. 将细砂糖倒入玻璃碗中，加入清水，用搅拌器拌成糖水。
2. 将高筋面粉倒在案台上，加入酵母、奶粉，用刮板混匀，开窝。
3. 倒入糖水，刮入混合好的高筋面粉，混合成湿面团。
4. 加入鸡蛋，揉搓均匀。
5. 加入黄油，继续揉搓，充分混合。
6. 加入盐，揉搓成光滑的面团，用保鲜膜包好，静置10分钟醒面。
7. 去掉保鲜膜，将面团分成均等的两个剂子，揉捏匀。
8. 将面团放入烤盘，撒上适量芝士粉，常温下发酵2小时。
9. 烤箱上火调为190℃，下火调为190℃，放入烤盘，烤10分钟。
10. 待10分钟后，将烤盘取出，放凉后装入盘中即可。

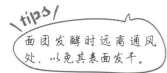

面团发酵时远离通风处，以免其表面发干。

全麦餐包

上火190℃、下火190℃ 15分钟

原料

全麦面粉250克，高筋面粉250克，盐5克，酵母5克，细砂糖100克，水200毫升，鸡蛋1个，黄油70克

工具 / 刮板1个，蛋糕纸杯4个，烤箱、电子秤各1台

做法

1. 将全麦面粉、高筋面粉倒在案台上，用刮板开窝。
2. 放入酵母，刮在粉窝边。
3. 倒入细砂糖、水、鸡蛋，用刮板搅散，混合均匀。
4. 加入黄油，揉搓均匀。
5. 加入盐，混合均匀，揉搓成面团。
6. 把面团切成数个小剂子，搓成圆球。
7. 用电子秤称取60克的面团后取4个，放在蛋糕纸杯里。
8. 把生坯放入烤盘里，在常温下发酵90分钟，发酵至原体积的2倍大。
9. 把生坯放入预热好的烤箱里，以上火190℃、下火190℃烤15分钟至熟，取出即可。

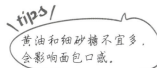

tips

黄油和细砂糖不宜多，会影响面包口感。

Part 2 咬一口松软面包，大大的满足感

早餐包

上火190℃、下火190℃ 15分钟

原料

高筋面粉500克
黄油70克
奶粉20克
细砂糖100克
盐5克
鸡蛋1个
水200毫升
酵母8克
蜂蜜适量

工具

搅拌器1个
玻璃碗1个
刮板1个
电子秤1台
烤箱1台
刷子1把
保鲜膜适量

tips: 揉面时如果面团粘手，可以撒上适量面粉。

做法

1

将细砂糖、水倒入玻璃碗中,用搅拌器搅拌至细砂糖溶化,拌匀成糖水。

2

把高筋面粉、酵母、奶粉倒在案台上,然后用刮板开窝。

3

倒入糖水混匀,并按压成形。

4

加入鸡蛋混匀,揉搓成面团。

5

将面团稍拉平,倒入黄油。

6

将材料揉匀。

7

加入盐。

8

将材料揉搓成光滑的面团。

9

用保鲜膜将揉好的面团包好,静置10分钟。

10

将面团用电子秤分成数个60克一个的小面团。

11

把小面团揉搓成圆球形。

12

把小面团放入烤盘中,使其发酵90分钟。

13

将烤盘放入烤箱中,温度调为上火190℃、下火190℃,烤15分钟至熟。

14

从烤箱中取出烤盘,将烤好的早餐包装入盘中,刷上适量蜂蜜。

Part 2 咬一口松软面包,大大的满足感 /027

花色面包

HUA SE MIAN BAO

墨西哥面包

🌡 上火190℃、下火190℃　⏱ 15分钟

原料

高筋面粉500克，黄油195克，奶粉20克，细砂糖200克，盐5克，鸡蛋150克，水200毫升，酵母8克，低筋面粉125克

工具 / 刮板、搅拌器、长柄刮板、裱花袋、玻璃碗各1个，剪刀1把，烤箱1台，保鲜膜适量

做法

1. 将100克细砂糖、水倒入玻璃碗中，用搅拌器搅拌至细砂糖溶化，拌成糖水待用。
2. 把高筋面粉、酵母、奶粉倒在案台上，用刮板开窝。
3. 倒入糖水混匀，按压成形，加入50克鸡蛋，揉搓成面团。
4. 将面团稍微拉平，倒入70克黄油，揉搓均匀。
5. 加入盐，揉搓成光滑面团，用保鲜膜包好，静置10分钟。
6. 将面团分成数个60克一个的小面团，揉搓成圆形，放入烤盘中发酵90分钟。
7. 将100克鸡蛋、100克细砂糖快速拌匀，加入125克黄油，拌匀，放入低筋面粉，搅拌成糊状，即成墨西哥酱。
8. 用长柄刮板将墨西哥酱装入裱花袋，在尖端处剪一个小口。
9. 将墨西哥酱以划圆圈的方式挤在面团上。
10. 将烤箱调为上火190℃、下火190℃，预热后放入烤盘，烤15分钟至熟后取出，装入盘中即可。

/tips/
墨西哥酱不要挤太多，否则烤的时候溢出。

花式红豆包

上火190℃、下火190℃ 15分钟

原料

高筋面粉500克，黄油70克，奶粉20克，细砂糖100克，盐5克，鸡蛋50克，水200毫升，酵母8克，红豆馅20克，低筋面粉适量

工具 / 刮板、搅拌器、筛网、玻璃碗各1个，小刀1把，烤箱1台，保鲜膜适量

做法

1. 将细砂糖、水倒入玻璃碗中，用搅拌器搅拌至细砂糖溶化，拌成糖水待用。
2. 把高筋面粉、酵母、奶粉倒在案台上，用刮板开窝。
3. 倒入糖水，混合均匀，并按压成形。
4. 加入鸡蛋，混合均匀，揉搓成面团。
5. 将面团稍微拉平，倒入黄油，揉搓均匀。
6. 加入盐，揉搓成光滑的面团，用保鲜膜包好，静置10分钟。
7. 将面团分成数个60克一个的小面团，揉搓成圆球，再按压一下，放入红豆馅，收口，搓成圆球，放入烤盘，发酵90分钟。
8. 在发酵好的面团上划十字刀，再将适量低筋面粉过筛至面团上。
9. 把烤盘放入烤箱，以上火190℃、下火190℃烤15分钟至熟后取出，装入盘中即可。

tips / 切口不宜太深，以免影响成品外观。

毛毛虫

🌡 上火210℃、下火190℃　⏰ 20分钟

原料

高筋面粉500克
低筋面粉75克
黄油70克
奶粉20克
细砂糖100克
盐5克
鸡蛋3个
水215毫升
酵母8克
牛奶75毫升
打发鲜奶油适量

工具

刮板1个
搅拌器1个
裱花袋1个
玻璃碗1个
锅1个
电动搅拌器1个
三角铁板1个
平刀1把
剪刀1把
擀面杖1根
烤箱1台
保鲜膜适量

tips
卷生坯时一定要卷紧，以免发酵后开裂。

做法

1
将细砂糖、200毫升水倒入玻璃碗中,用搅拌器搅拌至细砂糖溶化,拌成糖水。

2
将备好的高筋面粉、酵母、奶粉倒在案台上,用刮板开窝。

3
倒入糖水混匀,按压成形。

4
加入一个鸡蛋,混合均匀,揉搓成面团。

5
将面团稍微拉平,倒入黄油,揉搓均匀。

6
加入盐,揉搓成光滑的面团,用保鲜膜包好,静置10分钟。

7
将面团分成数个60克一个的小面团,揉成球形。

8
用擀面杖将面团擀平,从一端开始卷起,搓成长条状。

9
放入烤盘,发酵90分钟,备用。

10
将15毫升水、牛奶、55克黄油倒入锅中,拌匀,煮至溶化。

11
加盐,快速搅拌匀后关火,放入低筋面粉,用搅拌器搅拌均匀。

12
先放入一个鸡蛋,用电动搅拌器搅拌均匀,再倒入另一个鸡蛋,快速拌匀。

13
把拌好的材料装入裱花袋中,剪开一个小口,挤入到发酵好的面包生坯上。

14
将烤箱调为上火210℃、下火190℃,预热后放入烤盘,烤20分钟至熟,取出放凉。

15
用平刀将面包切一个小口,再用三角铁板在切口处抹上适量打发的鲜奶油即可。

金色城堡

🌡 上火160℃、下火190℃　⏰ 15分钟

原料

高筋面粉500克
黄油170克
奶粉20克
细砂糖100克
盐5克
鸡蛋190克
水200毫升
酵母8克
糖粉100克
低筋面粉100克
提子干适量

工具

刮板1个
玻璃碗2个
电动搅拌器1个
长柄刮板1个
搅拌器1个
裱花袋1个
电子秤1台
剪刀1把
烤箱1台
保鲜膜适量

tips：糖水和里侧面粉混匀，这样糖水才不会溢出。

做法

1 将细砂糖、水倒入玻璃碗中,用搅拌器搅拌至细砂糖溶化,拌成糖水待用。

2 把备好的高筋面粉、酵母、奶粉倒在案台上,用刮板开窝。

3 倒入糖水混匀,按压成形。

4 加入70克鸡蛋,揉搓成面团。

5 将面团稍微拉平,倒入70克黄油,揉搓至黄油与面团完全融合为止。

6 加入盐,揉搓成光滑的面团,用保鲜膜包好,静置10分钟。

7 去除保鲜膜,将面团分成大小均等的小面团,用电子秤称取数个60克的小面团。

8 将小面团揉搓成圆球形,放入烤盘中,发酵90分钟,备用。

9 将100克黄油、糖粉倒入玻璃碗中,用电动搅拌器拌匀。

10 一边加入120克鸡蛋,一边用电动搅拌器搅拌。

11 倒入低筋面粉,搅拌均匀,即成面包酱。

12 用长柄刮板将面包酱装入裱花袋中,用剪刀在尖端处剪开一个小口。

13 将面包酱以划圆圈的方式挤在面团上,再撒上适量提子干。

14 将烤盘放入烤箱中,以上火160℃、下火190℃的温度,烤15分钟至熟。

15 取出烤盘,将烤好的金色城堡装入盘中即可。

tip 3 揉至面团光滑,按压时手感柔软、富弹性即可。

水果半岛

上火190℃、下火190℃　　10分钟

原料

高筋面粉500克,黄油95克,奶粉20克,细砂糖100克,盐5克,鸡蛋2个,水200毫升,酵母8克,白奶油25克,糖粉50克,低筋面粉50克,芒果果肉馅适量

工具 / 搅拌器1个,刮板1个,玻璃碗1个,保鲜膜适量,电子秤1个,裱花袋1个,烤箱1台

做法

1. 将细砂糖加入水,用搅拌器搅拌均匀,搅拌成糖水待用。
2. 将高筋面粉倒在案台上,加酵母、奶粉,用刮板开窝。
3. 倒入糖水,混合成湿面团。
4. 加入1个鸡蛋揉匀,加70克黄油,继续揉搓,充分混合。
5. 加入盐,揉搓成光滑面团,用保鲜膜包好,静置10分钟。
6. 把面团搓条状,用电子秤称取30克一个的剂子,搓成小球状,用手指在顶部压出一个小孔。
7. 把生坯放入烤盘里,常温1.5小时发酵。
8. 将1个鸡蛋倒入玻璃碗中,加入糖粉,用搅拌器搅匀。
9. 加入25克黄油、白奶油,搅匀,再倒入低筋面粉,搅成糊状,制成馅料,装入裱花袋里,以画圈方式,绕着小孔把馅料挤在生坯上。
10. 把芒果果肉馅加在生坯的小孔里,再把生坯放入预热好的烤箱,上、下火均调为190℃,烤10分钟后取出即可。

tips / 揉面团时可在手上沾少许油，能防止沾手。

雪菠萝

🌡 上火190℃、下火190℃　⏰ 15分钟

原料

高筋面粉500克，黄油70克，奶粉20克，细砂糖200克，盐5克，鸡蛋1个，水200毫升，酵母8克，植物鲜奶油110克，低筋面粉120克

工具 / 刮板、电动搅拌器、搅拌器、玻璃碗各1个，擀面杖1根，烤箱1台，保鲜膜适量

做法

1. 将细砂糖、水用搅拌器搅拌至细砂糖溶化，拌成糖水。
2. 把高筋面粉、酵母、奶粉倒在案台上，用刮板开窝。
3. 倒入糖水，混合均匀，并按压成形。
4. 加入鸡蛋，揉搓成面团，再倒入黄油，揉匀。
5. 加入盐，揉搓成光滑面团，保鲜膜包好，静置10分钟。
6. 去除保鲜膜，将面团用电子秤称取数个60克的小面团，揉搓成圆球形，放入烤盘中，发酵90分钟，备用。
7. 将100克细砂糖、植物鲜奶油倒入玻璃碗中，用电动搅拌器搅拌均匀，再倒在案台上按压。
8. 分次加入低筋面粉，揉搓成长面团，即成菠萝皮，再揉圆，盖上保鲜膜，用擀面杖擀平。
9. 将菠萝皮盖到发酵好的面团上，贴合好。
10. 将烤盘放入烤箱中，以上火190℃、下火190℃烤15分钟至熟后取出，装入盘中即可。

在面包表层刷上蛋液,可使成品颜色更好看。

菠萝包

上火190℃、下火190℃ 15分钟

原料

高筋面粉500克,黄油107克,奶粉20克,细砂糖200克,盐5克,鸡蛋50克,水215毫升,酵母8克,低筋面粉125克,泡打粉2克,食粉1克,臭粉1克,蛋液适量

工具 / 刮板、搅拌器、玻璃碗各1个,擀面杖1根,刷子1把,烤箱1台,保鲜膜适量,竹签1根

做法

1. 100克细砂糖、200毫升水装玻璃碗,用搅拌器拌成糖水。
2. 把高筋面粉、酵母、奶粉倒在案台上,用刮板开窝。
3. 倒入糖水混匀,再加入鸡蛋,混合均匀,揉搓成面团。
4. 将面团稍微拉平,倒入黄油,揉搓均匀。
5. 加入盐,揉成光滑面团,用保鲜膜包好,静置10分钟。
6. 将面团分成数个60克一个的小面团,揉搓成圆形,放入烤盘中发酵90分钟。
7. 将低筋面粉开窝,加15毫升水、100克细砂糖,拌匀。
8. 加入盐、泡打粉、臭粉、食粉,混合均匀,再倒入黄油,混合均匀,揉搓成纯滑的面团,即成酥皮。
9. 取一小块酥皮,用保鲜膜包好,用擀面杖擀薄后放在发酵好的面团上,刷上蛋液,用竹签划十字花形,制成生坯。
10. 将烤箱调为上火190℃、下火190℃,预热后放入烤盘,烤15分钟至熟后取出,装入盘中即可。

洛克面包

上火190℃、下火190℃ 15分钟

tips/ 细砂糖不宜多，否则会影响成品外形的美观。

原料

高筋面粉575克，黄油145克，奶粉20克，细砂糖100克，盐5克，鸡蛋1个，水200毫升，酵母8克，甜面团80克

工具

刮板、搅拌器、玻璃碗各1个，烤箱、电子秤各1台，保鲜膜适量

做法

1. 将细砂糖倒入玻璃碗中，加入水，用搅拌器搅拌均匀，制成糖水，待用。
2. 将500克高筋面粉倒在案台上，加入酵母、奶粉，用刮板混合均匀，开窝。
3. 倒入糖水，揉搓均匀，再加入鸡蛋，揉搓均匀。
4. 放入70克黄油，混合均匀，再加盐，揉成光滑面团，用保鲜膜包好，静置10分钟。
5. 去掉保鲜膜，把面团搓成条状，再用电子秤称取60克一个的小剂子，搓成球状，放在烤盘里，在常温下发酵90分钟。
6. 将75克高筋面粉倒在案台上，用刮板开窝。
7. 加入75克黄油、甜面团，刮入面粉，混合均匀，揉搓成光滑的面团。
8. 把面团搓成长条，用刮板切取4个大小均等的小剂子，压成薄皮，盖在发酵好的生坯上。
9. 把烤箱调为上火190℃、下火190℃，预热5分钟，放入烤盘，烤15分钟至熟后取出，装入盘中即可。

爆酱面包

上火190℃、下火190℃　　15分钟

tips: 煮细砂糖时宜用小火,否则容易煮干。

原料

高筋面粉500克
黄油370克
奶粉20克
细砂糖300克
盐5克
鸡蛋2个
水250毫升
酵母8克
朗姆酒30毫升
蜂蜜适量

工具

搅拌器1个
刮板1个
电动搅拌器1个
裱花袋1个
裱花嘴1个
玻璃碗2个
刷子1把
剪刀1把
勺子1把
烤箱1台
锅1个
保鲜膜适量

做法

1

将100克细砂糖、200毫升水倒入玻璃碗中，用搅拌器搅拌至细砂糖溶化，拌成糖水。

2

把备好的高筋面粉、酵母、奶粉倒在案台上，用刮板开窝。

3

倒入糖水混匀，再加1个鸡蛋混匀，揉成面团。

4

将面团稍拉平，倒入70克黄油，揉搓均匀。

5

加入盐，揉搓成光滑面团，用保鲜膜包好，静置10分钟。

6

将面团分成数个60克一个的小面团，揉搓成圆形后放入烤盘，发酵90分钟。

7

将烤盘放入烤箱，上、下火均调为190℃，烤15分钟后取出。

8

在烤好的面包上刷适量蜂蜜，放凉备用。

9

锅置火上，倒入50毫升水、200克细砂糖，煮成糖浆。

10

将1个鸡蛋倒入玻璃碗中，拌匀，倒入糖浆，拌匀。

11

加入300克黄油，用电动搅拌器打发至糊状，再倒入朗姆酒打发，制成酱料。

12

把裱花嘴放入裱花袋中，在裱花袋尖端部位剪开一个小口，用勺子装入酱料。

13

将酱料挤入烤好的面包内即可。

tips 适当增加酵母用量，可使面包口感更加蓬松。

杂蔬火腿芝士卷

🌡 上火190℃、下火190℃　⏱ 10分钟

原料

高筋面粉500克，黄油70克，奶粉20克，细砂糖100克，盐5克，鸡蛋1个，水200毫升，酵母8克，菜心粒20克，洋葱粒30克，玉米粒20克，火腿粒50克，芝士粒35克，沙拉酱适量

工具 / 刮板、搅拌器、玻璃碗各1个、擀面杖1根，面包纸杯3个，刷子1把，烤箱1台，保鲜膜适量

做法

1. 将细砂糖、水倒入玻璃碗中，用搅拌器搅拌至细砂糖溶化，拌成糖水待用。
2. 把高筋面粉、酵母、奶粉倒在案台上，用刮板开窝。
3. 倒入糖水，混合均匀，并按压成形。
4. 加入鸡蛋，混合均匀，揉搓成面团。
5. 将面团稍微拉平，倒入黄油，揉搓均匀。
6. 加入盐，揉成光滑面团，用保鲜膜包好，静置10分钟。
7. 用擀面杖将面团擀平，铺上洋葱粒、菜心粒、火腿粒、芝士粒，卷成橄榄状生坯，切成三等份，放入面包纸杯中，撒上玉米粒，常温发酵2小时至微微膨胀。
8. 烤盘中放入发酵好的生坯，表面刷上适量沙拉酱。
9. 将烤盘放入预热好的烤箱中，温度调至上火190℃、下火190℃，烤10分钟至熟后取出即可。

可依照个人喜好,加入不同馅料。

洋葱培根芝士包

上火190℃、下火190℃　　10分钟

原料

高筋面粉500克,黄油70克,奶粉20克,细砂糖100克,盐5克,鸡蛋1个,水200毫升,酵母8克,培根片45克,洋葱粒40克,芝士粒30克

工具 / 刮板、搅拌器、玻璃碗各1个,擀面杖1根,面包纸杯3个,烤箱1台,保鲜膜适量

做法

1. 将细砂糖、水倒入玻璃碗,用搅拌器拌至细砂糖溶化,拌成糖水。
2. 把高筋面粉、酵母、奶粉倒在案台上,用刮板开窝。
3. 倒入糖水,混合均匀,并按压成形。
4. 加入鸡蛋,混合均匀,揉搓成面团。
5. 将面团稍微拉平,倒入黄油,揉搓均匀。
6. 加入盐,揉成光滑面团,用保鲜膜包好,静置10分钟。
7. 取适量面团,用擀面杖擀平成面饼,铺上芝士粒、洋葱粒、培根片,卷成橄榄状生坯,切成三等份,放入面包纸杯中,常温发酵2小时至微微膨胀。
8. 烤盘中放入发酵好的生坯,再将烤盘放入预热好的烤箱中,温度调至上火190℃、下火190℃,烤10分钟至熟后取出即可。

起酥面包
QI SU MIAN BAO

布里欧修

上火190℃、下火200℃　　20分钟

原料

高筋面粉500克，黄油70克，奶粉20克，细砂糖100克，盐5克，鸡蛋1个，水200毫升，酵母8克

工具 / 刮板、搅拌器各1个，模具3个，刷子1把，烤箱1台，保鲜膜适量

做法

1. 将细砂糖加水，用搅拌器搅拌均匀，搅拌成糖水待用。
2. 将高筋面粉倒在案台上，加入酵母、奶粉，用刮板混合均匀，开窝。
3. 倒入糖水，混合成湿面团。
4. 加入鸡蛋揉匀，再加入黄油，继续揉搓，充分混合。
5. 加入盐，揉搓成光滑面团，用保鲜膜包好，静置10分钟。
6. 去掉保鲜膜，将面团分成两半，取一半分切成3等份，搓球状，再在中间按出一个圆孔，装入刷有黄油的模具里。
7. 将另一半面团分切成3个等份剂子，搓成小球状，再分别放在大球圆孔上，制成生坯，待发酵至两倍大。
8. 将烤箱上火调为190℃，下火调为200℃，放入烤盘烤20分钟至熟后取出。
9. 将面包脱模后装在篮子里即可。

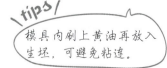

tips / 模具内刷上黄油再放入生坯，可避免粘连。

丹麦手撕包

上火190℃、下火190℃
15分钟

脱模时，用小刀紧贴着模具内壁划一圈即可。

原料

高筋面粉170克，低筋面粉30克，细砂糖50克，黄油20克，奶粉12克，盐3克，酵母5克，水88毫升，鸡蛋40克，片状酥油70克

工具 / 刮板、圆形模具各1个，擀面杖1根，烤箱1台

做法

1. 将低筋面粉、高筋面粉混匀，倒入奶粉、酵母、盐，拌匀，倒在案台上，用刮板开窝。
2. 倒入水、细砂糖、鸡蛋，压拌均匀，揉搓成面团。
3. 加入黄油，揉搓成光滑的面团。
4. 用擀面杖将片状酥油擀薄，待用。
5. 将面团擀成薄片，放上酥油片，折叠，擀平。
6. 先将三分之一的面皮折叠，再将剩下的折叠起来，放入冰箱，冷藏10分钟后取出，继续擀平，将上述动作重复操作两次。
7. 用擀面杖将面皮擀薄，把边缘切齐整，分切成3个大小均等的长方片。
8. 取其中一块长方片，切成2等份，叠在一起，折成"M"形，制成生坯，放入圆形模具里，常温下发酵90分钟后放入烤盘，再放入预热好的烤箱里。
9. 以上火190℃、下火190℃烤15分钟至熟后取出，将面包脱模后装盘即可。

酥油面包条

🌡 上火200℃、下火200℃ ⏰ 15分钟

原料

高筋面粉170克
低筋面粉30克
细砂糖50克
黄油20克
奶粉12克
盐3克
酵母5克
水88毫升
鸡蛋40克
片状酥油70克
蜂蜜适量

工具 /

刮板1个
擀面杖1根
油纸1张
刷子1把
菜刀1把
烤箱1台

tips
麻花辫收尾时应捏紧，以免散开，影响外观。

🟢 **做法**

1
将低筋面粉、高筋面粉混匀，再倒入奶粉、酵母、盐拌匀，倒在案台上，用刮板开窝。

2
倒入水、细砂糖、鸡蛋，用刮板拌均匀，揉搓成面团。

3
加入黄油混匀，揉搓成纯滑面团，备用。

4
将片状酥油用油纸包好，略压一下，再用擀面杖擀成薄片。

5
将面团擀成面皮，整理成长方形，一侧放上酥油片。

6
将另一侧的面皮盖上酥油片，擀平，对折两次，放入冰箱，冷藏10分钟。

7
取出面团擀平，再对折两次，放入冰箱，冷藏10分钟。

8
取出面团，再次擀平，对折两次，即成面团。

9
用擀面杖将面团擀薄，切去不整齐的部分，用菜刀切出4条宽约4厘米的面皮。

10
将面皮从顶端切成三条，但顶端不切断。

11
把三条面皮以交错的方式编成麻花辫，制成面包生坯。

12
将面包生坯放入烤盘，使其发酵90分钟。

13
把烤盘放入烤箱，温度调为上火200℃、下火200℃，烤15分钟至熟后取出。

14
在烤好的酥油面条包上刷上适量蜂蜜，装入盘中即可。

丹麦可颂

🌡 上火200℃、下火200℃　⏰ 15分钟

原料

高筋面粉170克
低筋面粉30克
细砂糖50克
黄油20克
奶粉12克
盐3克
酵母5克
水88毫升
鸡蛋40克
片状酥油70克
蜂蜜适量

工具

刮板1个
擀面杖1根
油纸1张
菜刀1把
刷子1把
烤箱1台

tips
面皮卷成卷后要捏紧，以免散开，影响外观。

做法

1. 将低筋面粉、高筋面粉混匀,倒入奶粉、酵母、盐拌匀,倒案台上开窝。
2. 倒入水、细砂糖、鸡蛋,用刮板拌均匀,揉搓成面团。
3. 加入黄油混匀,揉搓成纯滑面团,备用。
4. 将片状酥油用油纸包好,略压,再用擀面杖擀成薄片,待用。

5. 将面团擀成面皮,整理成长方形,一侧放上酥油片。
6. 将另一侧的面皮盖上酥油片,擀平,对折两次,放入冰箱,冷藏10分钟。
7. 取出面团擀平,再对折两次,放入冰箱,冷藏10分钟。
8. 取出面团,再次擀平,对折两次,即成面团。
9. 用擀面杖将面团擀平,用菜刀将面团边缘修整齐,切出四份三角形的面皮。

10. 从三角形底部,慢慢地卷成卷。
11. 揉搓成橄榄形,制成生坯。
12. 将生坯放入烤盘,常温发酵90分钟。
13. 把烤盘放入烤箱,温度调为上火200℃、下火200℃,烤15分钟至熟后取出。
14. 在面包表面刷上适量蜂蜜,装入盘中即可。

Part 2 咬一口松软面包,大大的满足感

酥油金砖

🌡 上火170℃、下火190℃　⏰ 20分钟

原料

高筋面粉170克
低筋面粉30克
细砂糖50克
黄油20克
奶粉12克
盐3克
酵母5克
水88毫升
鸡蛋40克
片状酥油70克
蜂蜜适量

工具

刮板1个
方形模具1个
油纸1张
擀面杖1根
菜刀1把
刷子1把
烤箱1台

tips: 片状酥油要擀薄一些，使面包口感更均匀。

🟢 **做法**

1 将低筋面粉、高筋面粉混匀，倒入奶粉、酵母、盐拌匀，倒案台上开窝。

2 倒入水、细砂糖、鸡蛋，用刮板拌均匀，揉搓成面团。

3 加入黄油，混合均匀，揉搓成纯滑面团，备用。

4 将片状酥油用油纸包好，略压，再用擀面杖擀成薄片，待用。

5 将面团擀成面皮，整理成长方形，一侧放上酥油片。

6 将另一侧的面皮盖上酥油片，擀平，对折两次，放入冰箱，冷藏10分钟。

7 取出面团擀平，再对折两次，放入冰箱，冷藏10分钟。

8 取出面团，再次擀平，对折两次，即成面团。

9 用刀将面团切成三块宽形面皮。

10 把面皮两端向反方向对拧，呈麻绳状。

11 将面皮放入方形模具中，使其发酵90分钟。

12 盖上模具盖子，放入烤箱，以上火170℃、下火190℃烤20分钟至熟后取出。

13 打开模具盖子，将烤好的酥油金砖脱模。

14 将酥油金砖装盘，刷上一层蜂蜜即可。

Part 2 咬一口松软面包，大大的满足感

童话风味吐司

上火170℃、下火200℃ 20分钟

原料

高筋面粉170克
低筋面粉30克
细砂糖50克
黄油20克
奶粉12克
盐3克
酵母5克
水88毫升
鸡蛋40克
片状酥油70克
糖粉适量

工具

刮板1个
方形模具1个
筛网1个
油纸1张
刷子1把
擀面杖1根
小刀1把
电子秤1台
烤箱1台

/tips/
在模具中刷一层黄油,更方便吐司脱模。

做法

1

将低筋面粉、高筋面粉混匀,倒入奶粉、酵母、盐拌匀,倒案台上开窝。

2

倒入水、细砂糖、鸡蛋,用刮板拌均匀,揉搓成面团。

3

加入黄油,混合均匀,揉搓成纯滑面团,备用。

4

将片状酥油用油纸包好,略压,再用擀面杖擀成薄片,待用。

5

将面团擀成面皮,整理成长方形,一侧放上酥油片。

6

将另一侧的面皮盖上酥油片,擀平,对折两次,放入冰箱,冷藏10分钟。

7

取出面团擀平,再对折两次,放入冰箱,冷藏10分钟。

8

取出面团,再次擀平,对折两次,即成面团。

9

用电子秤称一块450克的面团。

10

用小刀在面团一端的1/5处切下,切成三条。

11

将面团编成麻花辫形。

12

放入刷了黄油的方形模具中,使其发酵90分钟。

13

把模具放入烤箱,温度调为上火170℃、下火200℃,烤20分钟后取出模具。

14

将童话风味吐司脱模装入盘中。

15

将适量糖粉过筛至吐司上即可。

Tips: 若没有奶粉，可用牛奶替代且免去加入清水。

千层面包

🌡 上火200℃、下火200℃　⏰ 15分钟

原料

高筋面粉170克，低筋面粉30克，细砂糖50克，黄油20克，奶粉12克，盐3克，干酵母5克，水88毫升，鸡蛋40克，片状酥油70克，白糖40克，蛋液适量

工具 / 刮板1个，刷子1把，油纸1张，烤箱1台，擀面杖1根

做法

1. 将低筋面粉、高筋面粉混匀，倒入奶粉、干酵母、盐，拌匀，用刮板开窝。
2. 倒入水、细砂糖拌匀，放入40克鸡蛋混匀，揉成湿面团。
3. 加入黄油，揉搓成光滑面团。
4. 用油纸包好片状酥油，用擀面杖擀薄，待用。
5. 将面团擀成薄片制成面皮，放上酥油片，折叠，擀平。
6. 先将三分之一的面皮折叠，再将剩下的折叠，放入冰箱冷藏10分钟后取出，继续擀平，重复操作两次，制成酥皮。
7. 取适量酥皮，将四边修平整，切成两个小方块。
8. 取其中一块酥皮，刷上一层蛋液，再将另一块酥皮叠在上一块酥皮表面，制成生坯。
9. 备好烤盘，放上生坯，刷上一层蛋液，再撒上白糖。
10. 预热烤箱，温度调至上火200℃、下火200℃，放入烤盘，烤15分钟后取出，装盘即可。

> 黄油可事先自然软化后再加入面团中。

肉松起酥面包

上火200℃、下火200℃　15分钟

原料

高筋面粉170克，低筋面粉30克，细砂糖50克，黄油20克，奶粉12克，盐3克，干酵母5克，水88毫升，鸡蛋40克，片状酥油70克，肉松30克，蛋液、黑芝麻各适量

工具 / 刮板1个，刷子1把，油纸1张，烤箱1台，擀面杖1根

做法

1. 将低筋面粉、高筋面粉混匀，倒入奶粉、干酵母、盐，拌匀，用刮板开窝。
2. 倒入水、细砂糖拌匀，放入40克鸡蛋混匀，揉成湿面团。
3. 加入黄油，揉搓成光滑面团。
4. 用油纸包好片状酥油，用擀面杖擀薄，待用。
5. 将面团擀成薄片制成面皮，放上酥油片，折叠，擀平。
6. 先将三分之一的面皮折叠，再将剩下的折叠，放入冰箱冷藏10分钟后取出，继续擀平，重复操作两次，制成酥皮。
7. 取适量酥皮，将其边缘切平整，刷上一层蛋液，铺一层肉松，对折，再在其中一面刷上一层蛋液，撒上适量黑芝麻，制成生坯，放入烤盘。
8. 预热烤箱，温度调至上火200℃、下火200℃，放入烤盘，烤15分钟至熟后取出即可。

调理面包
TIAO LI MIAN BAO

tips: 可根据个人喜好，选用其他酱料抹在吐司上。

烤吐司

上火190℃、下火190℃　　15分钟

原料

全麦吐司2片，黄油适量

工具 / 三角铁板1个，烤箱1台

做法

1. 取一片全麦吐司，用三角铁板均匀地抹上一层黄油。
2. 盖上另一块全麦吐司。
3. 把吐司装入烤盘，放入预热好的烤箱中。
4. 关上箱门，以上火190℃、下火190℃烤15分钟至熟。
5. 打开箱门，取出烤好的吐司。
6. 装入盘中即可。

法国吐司

tips
可用小火煎吐司片,能节省烹饪时间。

原料

吐司2片,芝士2片,火腿片2片,纯牛奶30毫升,黄油40克,鸡蛋2个

工具 / 蛋糕刀1把,煎锅1个,白纸1张,筷子1把

做法

1. 煎锅烧热,关火后放入吐司片。
2. 用筷子将鸡蛋搅散,加入纯牛奶,搅匀。
3. 在吐司上抹上适量黄油。
4. 倒入少许纯牛奶蛋液,用小火煎至微黄色。
5. 依此煎制另一片吐司。
6. 将所有材料置于白纸上。
7. 把芝士片放在吐司片上,放上火腿片。
8. 盖上芝士片,再放上火腿片,盖上另一片吐司。
9. 用蛋糕刀把做好的吐司切成三角块。
10. 装入盘中即可。

汉堡包

上火190℃、下火190℃　　15分钟

原料

高筋面粉500克
黄油70克
奶粉20克
细砂糖100克
盐5克
鸡蛋50克
水200毫升
酵母8克
白芝麻适量
生菜叶适量
熟火腿40克
煎鸡蛋4个
沙拉酱少许

工具 /

刮板1个
玻璃碗1个
搅拌器1个
蛋糕刀1把
烤箱1台
白纸1张
保鲜膜适量

tips
还可以加入黄瓜、西红柿等，口感也很好。

做法

1. 将细砂糖、水倒入玻璃碗中,用搅拌器搅拌至细砂糖溶化,拌成糖水待用。
2. 把备好的高筋面粉、酵母、奶粉倒在案台上,用刮板开窝。
3. 倒入糖水混合均匀,按压成形。
4. 加入鸡蛋混合均匀,揉成面团。

5. 将面团稍微拉平,倒入黄油,揉搓均匀。
6. 加入盐,揉搓成光滑面团,用保鲜膜包好,静置10分钟。
7. 将面团分成数个60克一个的小面团,搓成圆球。
8. 再放入烤盘中,发酵90分钟,撒入适量白芝麻。
9. 将烤盘放入烤箱,温度调为上火190℃、下火190℃,烤15分钟后取出。

10. 将放凉的面包放在铺好的白纸上,用蛋糕刀平切成两半。
11. 将面包打开,挤入少许沙拉酱。
12. 放上适量生菜叶,再挤入少许沙拉酱。
13. 放上煎鸡蛋,再挤入沙拉酱。
14. 放上熟火腿,盖上另一块面包,制成汉堡包,装入盘中即可。

热狗

🌡 上火190℃、下火190℃　⏰ 15分钟

原料

高筋面粉500克
黄油70克
奶粉20克
细砂糖100克
盐5克
鸡蛋50克
水200毫升
酵母8克
烤好的热狗4根
生菜叶4片
番茄酱适量

工具

刮板1个
玻璃碗1个
搅拌器1个
擀面杖1根
蛋糕刀1把
烤箱1台
保鲜膜适量

tips
卷面团时可在手上沾面粉，避免面团粘手。

做法

1 将细砂糖、水倒入玻璃碗中,用搅拌器搅拌至细砂糖溶化,拌成糖水待用。

2 把备好的高筋面粉、酵母、奶粉倒在案台上,用刮板开窝。

3 倒入糖水混合均匀,按压成形。

4 加入鸡蛋混合均匀,揉成面团。

5 将面团稍微拉平,倒入黄油,揉搓均匀。

6 加入盐,揉搓成光滑面团。

7 用保鲜膜将揉好的面团包好,静置10分钟。

8 将面团分成数个60克的小面团,揉搓成圆形。

9 用擀面杖将面团擀平。

10 从一端开始,将面团卷成卷,揉成橄榄形。

11 放入烤盘,使其发酵90分钟。

12 将烤箱调为上火190℃、下火190℃,预热后放入烤盘,烤15分钟后取出烤盘,放凉待用。

13 取出放凉的面包,用蛋糕刀在中间直切一刀但不切断。

14 在切口处放入洗净的生菜叶、烤好的热狗。

15 挤入适量番茄酱,装入盘中。

谷物贝果三明治

原料

谷物贝果2个，生菜叶2片，西红柿2片，火腿2片，鸡蛋2个，沙拉酱、食用油各适量

工具 / 蛋糕刀、刷子各1把，煎锅1个，白纸1张

做法

1. 煎锅中注入适量食用油，烧热，放入火腿片，煎至微黄后盛出。
2. 锅中加适量食用油烧热，打入鸡蛋，用小火煎成荷包蛋。
3. 将准备好的食材置于白纸上。
4. 用蛋糕刀将谷物贝果切成两半。
5. 分别刷上一层沙拉酱。
6. 放上生菜叶、荷包蛋，刷一层沙拉酱。
7. 加入火腿片，刷上沙拉酱。
8. 放上西红柿片。
9. 盖上另一块面包。
10. 将做好的三明治装入盘中即可。

tips 可用草莓酱或苹果酱等酱料代替沙拉酱。

素食口袋三明治

原料

吐司4片,生菜叶2片,黄瓜片适量,西红柿片1片,沙拉酱适量

工具 / 刷子、蛋糕刀各1把

做法

1. 取一片吐司,刷上沙拉酱。
2. 放上黄瓜片,刷上沙拉酱。
3. 放上一片吐司,涂上一层沙拉酱。
4. 放上洗净的生菜叶,刷一层沙拉酱。
5. 放上吐司,刷上沙拉酱。
6. 放上西红柿片,刷少许沙拉酱。
7. 盖上一片吐司,三明治制成。
8. 用蛋糕刀将三明治切成两个三角状。
9. 将切好的三明治装盘即可。

tips
生菜叶尽量挑和吐司片面积大小相当的。

早餐三明治

原料

火腿1片,西红柿1片,鸡蛋1个,吐司4片,沙拉酱、食用油各适量

工具 / 刷子、蛋糕刀各1把,煎锅1个

做法

1. 煎锅注油,放入火腿,煎约1分钟至两面微黄。
2. 将煎好的火腿装盘待用。
3. 锅留底油,打入鸡蛋,煎约1分钟至熟。
4. 将煎好的鸡蛋装盘待用。
5. 取一片吐司,刷上沙拉酱。
6. 放上煎好的火腿,刷上沙拉酱。
7. 放上一片吐司,刷上沙拉酱。
8. 放入煎鸡蛋,涂抹沙拉酱。
9. 放入一片吐司,刷上沙拉酱。
10. 放上西红柿片,盖上吐司,三明治制成。
11. 用蛋糕刀将三明治切成两个长方状。
12. 将切好的三明治装盘即可。

tips / 可以加入少许番茄酱,这样会更加开胃可口。

香烤奶酪三明治

上火170℃、下火170℃ 5分钟

原料

奶酪1片，黄油适量，吐司2片

工具 / 勺子1把，刀子1把，烤箱1台

依个人喜好，适当增减黄油的用量。

做法

1. 取一片吐司，均匀涂抹上黄油。
2. 放上奶酪片。
3. 用勺子抹上适量黄油。
4. 盖上一片吐司，三明治制成。
5. 备好烤盘，放上三明治。
6. 将烤盘放入烤箱中，温度调至上、下火170℃，烤5分钟至熟。
7. 取出烤盘，将烤好的三明治切成两个长方状。
8. 将两个长方状三明治叠加一起。
9. 将叠好的三明治装盘即可。

吐司水果三明治

原料

火龙果1片，猕猴桃1个，吐司3片，沙拉酱适量

工具 / 刷子、蛋糕刀各1把

做法

1. 取一片吐司，刷上沙拉酱。
2. 放上猕猴桃，涂抹一层沙拉酱。
3. 放上一片吐司。
4. 刷上沙拉酱，放上火龙果。
5. 抹上沙拉酱，盖上吐司片，三明治制成。
6. 用蛋糕刀切去三明治边缘。
7. 将三明治沿对角线切开。
8. 其中一块三明治表面刷上适量沙拉酱。
9. 将另一块三明治叠放在其上方。
10. 将叠好的三明治装盘即可。

tips
沙拉酱可多放一点，中和猕猴桃的酸味。

Part 3 切一块丝滑蛋糕，尝出多重美味

不管是下午茶，还是生日聚会，蛋糕在很多场合都能派上用场。本章介绍了面糊类蛋糕、乳沫类蛋糕、戚风类蛋糕、混合型蛋糕四种，在这层层叠叠的多重美味中，寻找你喜爱的那一款。

面糊类蛋糕
MIAN HU LEI DAN GAO

重油蛋糕

上火180℃、下火200℃ 20分钟

原料

鸡蛋250克，低筋面粉250克，泡打粉5克，细砂糖250克，食用油250毫升，花生碎、蜂蜜各适量

工具 / 电动搅拌器、筛网、玻璃碗各1个，模具2个，刷子1把，烤箱1台

做法

1 分别将鸡蛋、细砂糖倒入玻璃碗中，用电动搅拌器快速拌匀，至其呈乳白色。
2 用筛网依次将低筋面粉、泡打粉过筛至玻璃碗中搅拌匀。
3 加入食用油，搅拌匀，打发至浆糊状。
4 将模具放在烤盘中，把浆糊倒入模具中，约五分满即可。
5 撒入适量花生碎。
6 将烤盘放入烤箱中，调成上火180℃、下火200℃，烤20分钟，至其呈金黄色。
7 从烤箱中取出烤好的蛋糕。
8 将蛋糕脱模，装入盘中。
9 用刷子在蛋糕表面均匀地刷上适量蜂蜜即可。

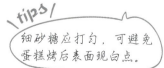

tips / 细砂糖应打匀，可避免蛋糕烤后表面现白点。

瓦那蛋糕

上火170℃、下火130℃ 25分钟

原料

鸡蛋5个，蛋黄10克，细砂糖180克，纯牛奶35毫升，低筋面粉145克，泡打粉1克，黄油150克，盐1克，蛋黄液适量

工具 / 电动搅拌器1个，玻璃碗1个，刷子、蛋糕刀各1把，烤箱1台，白纸、烘焙纸各1张

tips 面糊搅拌的时间不宜过长，易使成品发硬。

做法

1. 将细砂糖倒入玻璃碗中，加入鸡蛋，用电动搅拌器快速搅匀。
2. 加入黄油，搅拌均匀。
3. 倒入蛋黄、泡打粉、盐、低筋面粉，搅拌成糊状。
4. 加入纯牛奶，并快速搅拌成纯滑的蛋糕浆。
5. 把蛋糕浆倒入铺有烘焙纸的烤盘里，静置片刻至浆面平整。
6. 把烤盘放入预热好的烤箱里，以上火170℃、下火130℃烤20分钟后取出。
7. 在蛋糕上均匀地刷一层蛋黄液，再放入烤箱，烤5分钟后取出。
8. 把蛋糕倒扣在白纸上，撕掉粘在蛋糕上的烘焙纸。
9. 用蛋糕刀将蛋糕边缘切齐整。
10. 再切成长方块，装入盘中即可。

布朗尼蛋糕

- 上火180℃、下火180℃　18分钟
- 上火160℃、下火160℃　30分钟

原料

黄油液50克
黑巧克力液50克
细砂糖90克
鸡蛋2个
奶酪210克
酸奶80克
中筋面粉50克
黄油适量

工具 /

长柄刮板1个
玻璃碗2个
电动搅拌器1个
圆形模具1个
刷子1把
蛋糕刀1把
烤箱1台
白纸1张

tips
巧克力糊倒入模具后震几下，以挤出空气。

做法

1 将黑巧克力液倒入玻璃碗中,加入黄油液,用长柄刮板拌匀。

2 倒入50克细砂糖,搅匀,再倒入中筋面粉,搅成糊状。

3 加入1个鸡蛋,用电动搅拌器快速搅匀。

4 加入20克酸奶,拌匀至其成纯滑的巧克力糊。

5 取圆形模具,在里面刷上一层黄油,再抹上一层中筋面粉。

6 把巧克力糊装入模具里,用长柄刮板整理平整。

7 把模具放入预热好的烤箱里,以上火180℃、下火180℃,烤18分钟,备用。

8 将1个鸡蛋倒入玻璃碗中,加入40克细砂糖,用电动搅拌器打发均匀。

9 加入奶酪,搅拌均匀。

10 倒入60克酸奶,搅拌成纯滑的蛋糕浆。

11 打开烤箱,把烤好的布朗尼取出,再将蛋糕浆倒在布朗尼上。

12 再放入预热好的烤箱里,温度调为上火160℃、下火160℃,烤30分钟后取出。

13 将蛋糕放在案台上的白纸上,进行脱模。

14 用蛋糕刀把蛋糕切成扇形的小块,装盘即可。

芬妮蛋糕

- 上火160℃、下火170℃　20分钟
- 上火160℃、下火170℃　5分钟

原料

黄油160克
细砂糖110克
牛奶45毫升
鸡蛋200克
蛋黄140克
奶粉75克
低筋面粉180克
蛋糕油5克
糖粉60克
蛋白50克

工具 /

长柄刮板1个
电动搅拌器1个
裱花袋2个
蛋糕刀1把
剪刀1把
烤箱1台
烘焙纸1张
白纸1张
玻璃碗3个

/tips/

搅拌力度不要过大，时间不要过长，以免影响蛋糕的口感。

做法

1
将牛奶、80克黄油装入玻璃碗中,隔水加热至黄油完全溶化,备用。

2
将鸡蛋、20克蛋黄、细砂糖装入玻璃碗,用电动搅拌器拌匀。

3
加入100克低筋面粉、45克奶粉、蛋糕油,快速搅拌均匀。

4
倒入溶化的黄油与牛奶,快速拌匀成面糊。

5
将面糊倒入铺有烘焙纸的烤盘中,用长柄刮板抹匀。

6
将烤盘震平,再放入烤箱,以上火160℃、下火170℃烤20分钟至熟,备用。

7
将80克黄油、糖粉倒入玻璃碗中,电动搅拌器先不开动,稍微搅拌几下。

8
分两次加入蛋白,用电动搅拌器快速搅匀。

9
放入30克奶粉、80克低筋面粉,快速搅匀,即成蛋糕酱,装入裱花袋中,待用。

10
把120克蛋黄拌匀,装入另一个裱花袋中。

11
将装有蛋糕酱的裱花袋尖端剪一个小口,在取出的蛋糕体上挤入蛋糕酱。

12
将装有蛋黄的裱花袋尖端部位剪开一个小口,与蛋糕酱的方向垂直,快速挤入蛋黄,形成网格。

13
将烤盘放入烤箱,温度调为上火160℃、下火170℃,烤5分钟至熟后取出。

14
案台上铺白纸,将蛋糕倒扣在白纸上,撕去底部的烘焙纸,将蛋糕翻面。

15
用蛋糕刀将蛋糕切成小方块,装入盘中即成。

Part 3 切一块丝滑蛋糕,尝出多重美味

玛芬蛋糕

🌡 上火190℃、下火170℃ ⏰ 20分钟

原料

糖粉160克,鸡蛋220克,低筋面粉270克,牛奶40毫升,盐3克,泡打粉8克,溶化的黄油150克

工具 / 电动搅拌器、裱花袋、筛网、玻璃碗各1个,蛋糕纸杯6个,剪刀1把,烤箱1台

做法

1. 将鸡蛋、糖粉、盐倒入玻璃碗中,用电动搅拌器拌匀。
2. 倒入溶化的黄油,搅拌均匀。
3. 将低筋面粉过筛至玻璃碗中。
4. 把泡打粉过筛至玻璃碗中。
5. 用电动搅拌器搅拌均匀。
6. 倒入牛奶,并不停搅拌,制成面糊,待用。
7. 将面糊倒入裱花袋中,在尖端部位剪开一个小口。
8. 把蛋糕纸杯放入烤盘中,挤入适量面糊,至七分满。
9. 将烤盘放入烤箱中,以上火190℃、下火170℃烤20分钟至熟,取出,装盘即可。

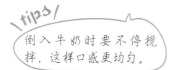

倒入牛奶时要不停搅拌,这样口感更均匀。

巧克力玛芬蛋糕

上火190℃、下火170℃ 20分钟

tips: 面糊挤入模具以七分满为宜,以免材料溢出。

原料

糖粉160克,鸡蛋220克,低筋面粉270克,牛奶40毫升,盐3克,泡打粉8克,溶化的黄油150克,可可粉8克

工具 / 电动搅拌器1个,蛋糕纸杯数个,裱花袋、玻璃碗、筛网各1个,剪刀1把,烤箱1台

做法

1. 将鸡蛋、糖粉、盐倒入玻璃碗中,用电动搅拌器搅拌均匀。
2. 倒入溶化的黄油,搅拌均匀。
3. 将低筋面粉过筛至玻璃碗中。
4. 把泡打粉过筛至玻璃碗中。
5. 用电动搅拌器搅拌均匀。
6. 倒入牛奶,并不停搅拌,制成面糊,待用。
7. 取适量面糊,再加入可可粉,用电动搅拌器搅拌均匀。
8. 将面糊装入裱花袋中,在裱花袋尖端部位剪开一个小口。
9. 把蛋糕纸杯放入烤盘中,将面糊挤入纸杯内,至七分满。
10. 将烤盘放入烤箱中,以上火190℃、下火170℃烤20分钟至熟后取出,装盘即可。

安格拉斯

🌡 上火170℃、下火170℃ ⏰ 15分钟
冰箱冷冻 ⏰ 2小时

原料

鸡蛋225克
白糖145克
牛奶89毫升
低筋面粉75克
玉米淀粉25克
可可粉25克
黄油50克
蛋黄25克
明胶粉4克
淡奶油90克
巧克力50克

工具

电动搅拌器1个
玻璃碗1个
长柄刮板1个
搅拌器1个
锅1个
圆饼状模具1个
圆形模具1个
蛋糕刀1把
烤箱1台
烘焙纸1张

/ tips /
脱模时可用电吹风吹热模具边缘，这样更易保持蛋糕的外形完整。

做法

1

把鸡蛋倒入玻璃碗中,加入125克白糖,用电动搅拌器快速搅拌均匀。

2

放入低筋面粉、玉米淀粉、可可粉,搅拌均匀。

3

加入14毫升牛奶,拌匀,倒入黄油搅拌均匀。

4

把拌匀的材料倒入铺有烘焙纸的烤盘中,用长柄刮板刮抹均匀。

5

将烤盘放入烤箱,温度调为上火170℃、下火170℃,烤15分钟后取出。

6

把75毫升牛奶倒入锅中,放入20克白糖,用搅拌器搅匀。

7

用小火加热,倒入明胶粉,搅匀,倒入淡奶油,搅匀。

8

加入蛋黄,搅匀,放入巧克力,搅匀,制成巧克力慕斯。

9

将蛋糕扣在白纸上,撕去蛋糕上的烘焙纸。

10

将圆饼状模具放在蛋糕上,用蛋糕刀切出两个圆饼状蛋糕体。

11

将一片蛋糕体放入圆形模具中。

12

倒入适量巧克力慕斯。

13

再放入一片小一点的蛋糕体。

14

倒入适量巧克力慕斯,放入冰箱冷冻2小时。

15

取出成品,脱模,切成扇形块,装盘即可。

tips / 应选用淡黄色奶油，烤出来的蛋糕口感更佳。

香杏蛋糕

🌡 上火170℃、下火170℃　⏰ 20分钟

原料

低筋面粉150克，高筋面粉少许，泡打粉3克，蜂蜜适量，鸡蛋3个，细砂糖110克，食用油60毫升，杏仁片15克，黄油60克

工具 / 电动搅拌器、玻璃碗各1个，刷子1把，椭圆形模具4个，烤箱1台

做法

1. 取椭圆形模具，在其内侧刷一层黄油。
2. 撒入少许高筋面粉，摇晃均匀。
3. 将鸡蛋倒入玻璃碗中，加入细砂糖，用电动搅拌器搅匀。
4. 加入低筋面粉、剩余的高筋面粉、泡打粉，搅成糊状。
5. 倒入食用油，搅拌匀。
6. 加入黄油，搅拌成纯滑的蛋糕浆。
7. 在模具内放入少许杏仁片。
8. 倒入蛋糕浆，至8分满，再放上少许杏仁片。
9. 把生坯放在烤盘里，再放入预热好的烤箱，以上火170℃、下火170℃烤20分钟至熟后取出。
10. 在烤好的蛋糕上刷一层蜂蜜，脱模后装入盘中即可。

烘烤温度不宜高，时间不宜长，避免开裂。

魔鬼蛋糕

上火180℃、下火180℃　20分钟

原料

糖粉90克，鸡蛋2个，盐1克，黄油90克，可可粉12克，泡打粉1克，苏打粉1克，牛奶40毫升，低筋面粉45克，高筋面粉45克

工具 / 电动搅拌器、玻璃碗、长柄刮板各1个，白纸、烘焙纸各1张，筛网1个，椭圆形模具1个，烤箱1台

做法

1. 取一个玻璃碗，倒入黄油、糖粉，用电动搅拌器搅匀。
2. 加入鸡蛋，搅匀。
3. 放入低筋面粉、高筋面粉、可可粉、盐、泡打粉、苏打粉，搅成糊状。
4. 倒入牛奶，搅成面浆。
5. 把面浆倒入垫有烘焙纸的椭圆形模具里，用长柄刮板涂抹均匀、平整。
6. 放在烤盘里，放入预热好的烤箱。
7. 关上箱门，将烤箱上、下火调为180℃，烤20分钟。
8. 带上手套，打开箱门，把烤好的蛋糕取出。
9. 蛋糕脱模后放置于案台白纸上，糖粉过筛撒在蛋糕上，装盘即可。

乳沫类蛋糕
RU MO LEI DAN GAO

红茶海绵蛋糕

上火170℃、下火170℃　20分钟

原料

鸡蛋450克，细砂糖230克，食用油70毫升，低筋面粉190克，红茶末10克，纯牛奶70毫升

工具 / 电动搅拌器、蛋糕模具、玻璃碗各1个，烤箱1台

做法

1. 将鸡蛋、细砂糖倒入玻璃碗中，用电动搅拌器快速拌匀至起泡。
2. 在低筋面粉中倒入红茶末。
3. 将混合好的材料倒入玻璃碗中，先手动搅拌一会儿，再开启电动搅拌器拌匀。
4. 一边倒入纯牛奶，一边快速搅拌均匀。
5. 缓缓倒入食用油，搅拌均匀，制成蛋糕浆。
6. 在蛋糕模具中倒入蛋糕浆，至五分满即可。
7. 把烤箱调为上火170℃、下火170℃，预热一会儿。
8. 将模具放入预热好的烤箱中，烤20分钟至熟后取出，脱模，装入盘中即可。

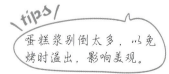

tips / 蛋糕浆别倒太多，以免烤时溢出，影响美观。

红茶伯爵

上火170℃、下火170℃ 25分钟

原料

低筋面粉200克,黄油200克,细砂糖200克,鸡蛋3个,奶粉10克,泡打粉3克,红茶粉3克

工具 / 电动搅拌器、玻璃碗、长柄刮板各1个,白纸、烘焙纸各1张,蛋糕刀1把,烤箱1台

做法

1. 取一个玻璃碗,倒入黄油、细砂糖,用电动搅拌器搅匀。
2. 加入鸡蛋,搅匀。
3. 倒入低筋面粉,搅成糊状。
4. 加入奶粉、泡打粉、红茶粉,搅匀,制成蛋糕糊。
5. 把蛋糕糊倒在垫有烘焙纸的烤盘里,用长柄刮板抹均匀、平整。
6. 将烤盘放入预热好的烤箱,上下火均调为170℃,烘烤25分钟至熟后取出。
7. 把蛋糕倒扣在案台的白纸上,撕去蛋糕底部的烘焙纸。
8. 用蛋糕刀将蛋糕边缘切平整,切成长条块,再改切成小方块,装盘即可。

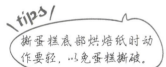

撕蛋糕底部烘焙纸时动作要轻,以免蛋糕撕破。

简易海绵蛋糕

🌡 上火170℃、下火190℃　⏰ 20分钟

原料

鸡蛋4个
低筋面粉125克
细砂糖112克
清水50毫升
食用油37毫升
蛋糕油10克
蛋黄2个

工具

电动搅拌器1个
玻璃碗1个
裱花袋1个
刮板1个
蛋糕刀1把
剪刀1把
烤箱1台
烘焙纸1张
白纸1张
筷子1根

tips
用手轻按蛋糕，若松手后可复原，即已烤熟。

做法

1 将鸡蛋倒入玻璃碗中,放入细砂糖,用电动搅拌器打发至起泡。

2 倒入适量清水。

3 放入低筋面粉、蛋糕油,用电动搅拌器拌匀。

4 倒入剩余清水。

5 加入食用油,用电动搅拌器搅拌匀,制成面糊。

6 取烤盘,铺上烘焙纸,倒入面糊,用刮板将面糊抹匀,待用。

7 用筷子将蛋黄拌匀,倒入裱花袋中,剪开尖端。

8 在面糊上快速地淋上蛋黄液。

9 用筷子在面糊表层与蛋黄液呈90°方向划动。

10 将烤盘放入烤箱中,温度调成上火170℃、下火190℃,烤20分钟至熟。

11 取出烤盘。

12 在案台上铺白纸,将蛋糕反铺在白纸上,撕掉粘在蛋糕上的烘焙纸。

13 将蛋糕切出一块,把边缘切平整,切三等份。

14 将蛋糕沿对角线切开呈三角形,装入盘中即可。

奥地利北拉冠夫蛋糕

上火160℃、下火160℃　　10分钟

原料

低筋面粉95克
细砂糖60克
蛋白3个
蛋黄3个
糖粉少许
海绵蛋糕1个
打发鲜奶油适量
杏仁片适量
黑巧克力液适量

工具

电动搅拌器1个
裱花袋2个
筛网1个
裱花嘴1个
长柄刮板1个
蛋糕刀1把
抹刀1把
剪刀1把
烤箱1台
玻璃碗2个
高温布1块

tips
挤奶油时力度要均匀，挤出的花纹更美观。

做法

1 将蛋白倒入玻璃碗中,用电动搅拌器快速打发。

2 加入一半细砂糖打至六成发,即成蛋白部分。

3 另取一个玻璃碗,加入蛋黄、细砂糖,快速打发均匀,即成蛋黄部分。

4 用筛网将低筋面粉过筛至蛋白部分中,用长柄刮板搅拌匀。

5 分两次将蛋白部分加入到蛋黄部分中,拌匀,即成面糊。

    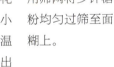

6 把面糊装入裱花袋,尖端剪一小口,在铺有高温布的烤盘上挤出长条状的面糊。

7 用筛网将少许糖粉均匀过筛至面糊上。

8 将烤箱温度调成上火160℃、下火160℃,放入烤盘,烤10分钟后取出,即成手指饼干。

9 用刀将部分手指饼干切成两半,将其一端粘上适量黑巧克力液。

10 用蛋糕刀把海绵蛋糕平剖成两块,其中一块用抹刀抹上适量打发的鲜奶油。

11 放上未切的手指饼干。

12 再压上另一块海绵蛋糕。

13 在蛋糕表面均匀地抹上适量打发的鲜奶油,粘上适量杏仁片。

14 将裱花嘴装入裱花袋,剪出一个小角,装入鲜奶油,在蛋糕上挤出螺旋状花纹。

15 放上粘有黑巧克力液的饼干,再撒上适量杏仁片,装盘即可。

可将红豆碾成泥，这样吃起来的口感更细腻。

红豆蛋糕

🌡 上火160℃、下火160℃　⏱ 20分钟

原料

红豆粒60克，蛋白150克，细砂糖140克，玉米淀粉90克，食用油100毫升

工具 / 电动搅拌器、搅拌器、长柄刮板各1个，蛋糕刀1把，烤箱1台，烘焙纸、白纸各1张，玻璃碗2个

做法

1. 将蛋白、细砂糖倒入玻璃碗中，用电动搅拌器快速拌匀至起泡。
2. 另取一个玻璃碗，倒入食用油、玉米淀粉，用搅拌器搅拌成面糊。
3. 取适量打发好的蛋白，倒入面糊中，用长柄刮板拌匀。
4. 将拌匀的材料倒入剩余的蛋白部分中拌匀，制成蛋糕浆。
5. 在烤盘上铺一张烘焙纸，倒入红豆粒，铺匀。
6. 倒入蛋糕浆，抹匀。
7. 将烤盘放入烤箱，上、下火均为160℃烤20分钟后取出。
8. 在案台上铺一张白纸，将烤盘倒扣在白纸一端，撕去粘在蛋糕底部的烘焙纸，翻面。
9. 用蛋糕刀将蛋糕切成大小均等的小长方块。
10. 将每两块蛋糕有红豆的一面朝上，贴合在一起，装入盘中即可。

红豆天使蛋糕

上火180℃、下火150℃ 15分钟

原料

蛋白250克，塔塔粉2克，低筋面粉100克，食用油50毫升，细砂糖120克，泡打粉3克，红豆粒10克，柠檬汁5毫升，打发的鲜奶油20克，水70毫升

工具

搅拌器、三角铁板、电动搅拌器各1个，蛋糕刀1把，木棍1根，烤箱1台，玻璃碗2个，烘焙、白纸各1张

tips：蛋糕卷静置时间可稍长一些，这样不易散开。

做法

1. 将食用油倒入玻璃碗中，加入低筋面粉、水，用搅拌器搅拌均匀。
2. 放入泡打粉、柠檬汁，拌至面糊状。
3. 另取一个玻璃碗，倒入蛋白，用电动搅拌器打至起泡。
4. 倒入适量细砂糖，搅拌匀，再倒入剩余细砂糖，拌匀，倒入塔塔粉，继续搅拌。
5. 将适量拌好的蛋白倒入装有面糊的玻璃碗中，拌匀。
6. 把拌好的面糊倒入剩余的蛋白中，搅拌匀。
7. 取一个烤盘，铺上烘焙纸，撒入红豆粒，倒入面糊，铺匀。
8. 将烤箱温度调成上火180℃、下火150℃，放入烤盘，烤15分钟至呈金黄色，取出放凉。
9. 从烤盘中取出蛋糕，倒放在案台白纸上，撕去底部的烘焙纸，翻面，用三角铁板均匀地抹上鲜奶油，再用木棍将白纸卷起，把蛋糕卷成圆筒状，静置5分钟至成形。
10. 用蛋糕刀切去蛋糕两边不整齐的部分，再将蛋糕切成三等份，装入盘中即可。

风味玉米蛋糕

🌡 上火170℃、下火170℃　⏲ 18分钟

原料

细砂糖220克，黄油100克，奶粉120克，鸡蛋7个，水60毫升，玉米淀粉80克，泡打粉6克，蛋糕油12克

工具 / 电动搅拌器、长柄刮板、玻璃碗各1个，剪刀、蛋糕刀各1把，烤箱1台，白纸、烘焙纸各1张

做法

1. 将鸡蛋、细砂糖倒入玻璃碗中，用电动搅拌器将其快速搅拌均匀。
2. 倒入黄油，快速搅拌至材料混合均匀。
3. 加入玉米淀粉、奶粉、蛋糕油、泡打粉，搅拌均匀。
4. 加入水，搅拌成纯滑的面浆。
5. 用剪刀将烘焙纸四个角剪开，铺在烤盘里，倒入面浆，用长柄刮板抹平。
6. 把烤盘放入烤箱中，以上火170℃、下火170℃烤18分钟至熟，取出。
7. 在案台上铺一张白纸，把蛋糕倒扣在白纸上。
8. 撕掉粘在蛋糕上的烘焙纸，用蛋糕刀将蛋糕两侧切齐整。
9. 把蛋糕切成均等的长方块，改切成小方块，装盘即可。

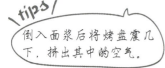

tips: 倒入面浆后将烤盘震几下，挤出其中的空气。

tip
材料不要倒入太满，以免影响成品美观。

迷你蛋糕

🌡 上火160℃、下火160℃ ⏰ 10分钟

原料

蛋白4个，塔塔粉3克，细砂糖140克，低筋面粉70克，玉米淀粉55克，蛋黄4个，食用油55毫升，清水20毫升，泡打粉2克

工具／搅拌器、电动搅拌器、长柄刮板、裱花袋各1个，剪刀1把，蛋糕纸杯9个，玻璃碗2个，烤箱1台

做法

1. 将蛋黄、30克细砂糖倒入玻璃碗中，用搅拌器拌匀。
2. 加入食用油、清水，搅拌匀。
3. 用筛网将玉米淀粉、低筋面粉、泡打粉过筛至玻璃碗中，搅拌成蛋黄面糊。
4. 蛋白倒入另一个玻璃碗中，用电动搅拌器打发。
5. 分两次倒入110克细砂糖，并搅拌匀。
6. 加入塔塔粉，继续拌匀至其呈鸡尾状。
7. 将一部分蛋白倒入蛋黄部分中，用长柄刮板拌匀。
8. 将拌好的材料倒入剩余的蛋白部分中，搅拌匀。
9. 把拌好的材料装入裱花袋中，在尖端剪一个小口，挤入蛋糕纸杯至五分满，放入烤盘。
10. 将烤箱温度调成上火160℃、下火160℃，放入烤盘，烤10分钟至熟后取出，放凉即可。

马力诺蛋糕

🌡 上火170℃、下火170℃　⏰ 18分钟

原料

鸡蛋6个
细砂糖110克
低筋面粉75克
牛奶50毫升
高筋面粉30克
咖啡粉10克
食用油32毫升
蛋糕油10克
泡打粉4克
香橙果酱适量

工具

电动搅拌器1个
玻璃碗2个
长柄刮板1个
裱花袋2个
木棍1根
抹刀1把
蛋糕刀1把
剪刀1把
烤箱1台
白纸1张
烘焙纸1张

tips
将刀在火上加热一下，能切出更整齐的切面。

做法

1 将鸡蛋倒入玻璃碗中，加入细砂糖，用电动搅拌器搅拌均匀。

2 倒入高筋面粉、低筋面粉、泡打粉、蛋糕油，搅拌匀。

3 一边倒入牛奶，一边搅拌均匀。

4 倒入食用油，并不停搅拌，制成面糊。

5 将三分之一的面糊倒入另一个小玻璃碗中。

6 在余下的面糊中倒入咖啡粉，用长柄刮板搅拌，再打发均匀。

7 将烘焙纸铺在烤盘上。

8 把小玻璃碗中的面糊倒入裱花袋，尖端剪出一个小口，在烤盘中挤入面糊。

9 将加入咖啡粉的面糊倒入裱花袋，尖端剪一小口，挤入加有咖啡粉的面糊。

10 将两种面糊以交错的方式挤入烤盘，制成生坯。

11 把烤箱温度调成上火170℃、下火170℃，放入烤盘，烤18分钟至熟，取出。

12 在案台上铺一张白纸，把烤盘倒扣在白纸上，撕去粘在蛋糕底部的烘焙纸。

13 将蛋糕翻面，用抹刀均匀地抹上适量香橙果酱。

14 用木棍将白纸卷起，把蛋糕卷成卷，静置片刻。

15 去除白纸，用蛋糕刀将蛋糕两侧切平整，再切成均等的四份，装入盘中即可。

大方糕

上火170℃、下火180℃　20分钟

原料

鸡蛋2个，细砂糖100克，水10毫升，低筋面粉90克，蛋糕油8克，泡打粉1克，食用油20毫升

工具 / 电动搅拌器、长柄刮板、玻璃碗各1个，蛋糕刀1把，烤箱1台，白纸、烘焙纸各1张

做法

1. 将鸡蛋倒入玻璃碗中，加入细砂糖，用电动搅拌器快速搅拌均匀。
2. 加入低筋面粉、泡打粉、蛋糕油，快速搅匀。
3. 加入适量水，搅拌均匀。
4. 倒入食用油，搅拌成纯滑的蛋糕浆。
5. 把蛋糕浆倒入铺有烘焙纸的烤盘里，用长柄刮板抹匀。
6. 将烤盘放入预热好的烤箱里，以上火170℃、下火180℃烤20分钟至熟后取出。
7. 倒扣在白纸上，撕去粘在蛋糕上的烘焙纸。
8. 用蛋糕刀将蛋糕边缘切齐整，切成长条块，改切成方块，装入盘中即可。

tips: 宜选用新鲜鸡蛋，这样能使成品的口感更佳。

熔岩蛋糕

上火180℃、下火200℃ 20分钟

tips / 将面粉过筛，这样制作出的蛋糕口感更细腻。

原料

黑巧克力70克，黄油50克，低筋面粉30克，细砂糖20克，鸡蛋1个，蛋黄1个，朗姆酒5毫升，糖粉适量

工具 / 筛网、搅拌器、刷子各1个，椭圆形模具3个，烤箱1台，玻璃碗2个

做法

1. 用刷子在椭圆形模具内侧刷上适量黄油。
2. 撒入少许低筋面粉，摇晃均匀。
3. 取一玻璃碗，倒入黑巧克力，隔水加热。
4. 放入黄油，搅拌至食材溶化后关火。
5. 另取一个玻璃碗，倒入蛋黄、鸡蛋、细砂糖、朗姆酒，用搅拌器搅拌均匀。
6. 倒入低筋面粉，快速搅拌均匀。
7. 倒入溶化的巧克力和黄油，搅拌均匀。
8. 将拌好的材料倒入椭圆形模具中，至五分满，放入烤盘中。
9. 把烤箱调为上火180℃、下火200℃，预热片刻后放入烤盘，烤20分钟至熟，取出烤盘。
10. 将蛋糕脱模，装入盘中，把适量糖粉过筛至蛋糕上即成。

戚风类蛋糕
QI FENG LEI DAN GAO

tips: 在倒食用油时搅拌器应开低速，以免溅出来。

咖啡戚风蛋糕

上火180℃、下火160℃　　25分钟

原料

蛋白120克，细砂糖140克，塔塔粉3克，蛋黄60克，低筋面粉70克，玉米淀粉55克，泡打粉2克，水30毫升，食用油30毫升，咖啡粉10克

工具 / 电动搅拌器、长柄刮板、搅拌器、圆形模具各1个，玻璃碗2个，小刀1把，烤箱1台

做法

1. 取一个玻璃碗，倒入蛋黄、低筋面粉、玉米淀粉、泡打粉，用搅拌器打发均匀。
2. 再慢慢倒入食用油，边倒边搅拌均匀。
3. 加入细砂糖、水、咖啡粉，持续搅拌，使食材均匀。
4. 再加入塔塔粉，继续搅拌均匀打发至鸡尾状。
5. 另取一个玻璃碗，加入蛋白、细砂糖，用电动搅拌器打至鸡尾状。
6. 将部分拌好的蛋白部分倒入蛋黄，用长柄刮板搅拌均匀。
7. 将剩余的蛋白完全倒入蛋黄碗里，搅拌片刻使食材均匀。
8. 将搅拌好的面糊倒入圆形模具中，倒至八分满。
9. 将模具放入预热好的烤箱内，上火调180℃，下火调160℃，烤25分钟后取出放凉。
10. 用小刀沿着模具边缘戳，将蛋糕脱模，放入盘中即可。

> 打蛋白时需打至起泡，可让蛋糕口感更绵软。

北海道戚风杯

上火170℃、下火170℃　　15分钟

原料

水果适量，蛋白115克，白糖110克，塔塔粉1克，盐1.5克，蛋黄85克，全蛋60克，食用油60毫升，低筋面粉80克，奶粉2克，泡打粉2克

工具

搅拌器、电动搅拌器、长柄刮板各1个，玻璃碗2个，蛋糕纸杯数个，烤箱1台

做法

1. 取一个玻璃碗，倒入全蛋、蛋黄，放入低筋面粉，用搅拌器搅匀。
2. 加入食用油、盐、奶粉、泡打粉，搅拌匀，成蛋黄部分。
3. 另取一个玻璃碗，倒入蛋白，加入白糖，用电动搅拌器搅匀，加入塔塔粉，搅匀，成蛋白部分。
4. 把蛋白部分放入蛋黄部分中，用长柄刮板搅匀。
5. 取数个蛋糕纸杯，放在烤盘上，逐一倒入混合好的面糊，至七八分满。
6. 放入烤箱，以上火170℃、下火170℃烤15分钟至熟。
7. 从烤箱中取出烤盘，稍凉，再将适量切好的水果放在烤好的蛋糕上即可。

枕头戚风蛋糕

上火180℃、下火160℃　25分钟

原料

鸡蛋4个
低筋面粉70克
玉米淀粉55克
泡打粉5克
水70毫升
食用油55毫升
细砂糖125克

工具 /

搅拌器1个
长柄刮板1个
筛网1个
电动搅拌器1个
圆形模具1个
玻璃碗2个
小刀1把
烤箱1台
白纸1张

tips
用牙签插入蛋糕中心后干净，说明蛋糕已熟。

做法

1 取两个玻璃碗，打开鸡蛋，分别将蛋黄、蛋白装入玻璃碗中。

2 用筛网将低筋面粉、玉米淀粉、2克泡打粉过筛至装有蛋黄的玻璃碗中。

3 用搅拌器将材料拌匀。

4 再倒入水、食用油、28克细砂糖，搅拌均匀，至无细粒，成蛋黄面糊。

5 取装有蛋白的玻璃碗，用电动搅拌器打至起泡。

6 倒入97克细砂糖，搅拌匀。

7 将3克泡打粉倒入碗中，拌匀至其呈鸡尾状，成蛋白面糊。

8 用长柄刮板将适量蛋白面糊倒入装有蛋黄面糊的玻璃碗中，搅拌均匀。

9 再将拌好的材料倒入剩余的蛋白面糊中，搅拌均匀，制成面糊。

10 用长柄刮板将拌好的面糊倒入圆形模具中。

11 将圆形模具放入烤盘，再放入烤箱中。

12 调成上火180℃、下火160℃，烤25分钟，至其呈金黄色，取出烤盘。

13 案台上铺一张白纸，用小刀沿模具边缘刮一圈。

14 将蛋糕倒在白纸上，去除模具的底部即可。

巧克力毛巾卷

- 上火160℃、下火160℃　10分钟
- 上火160℃、下火160℃　10分钟

原料

蛋黄75克
水95毫升
食用油80毫升
低筋面粉75克
可可粉10克
吉士粉10克
淀粉15克
蛋白170克
细砂糖60克
塔塔粉4克

工具 /

搅拌器1个
电动搅拌器1个
长柄刮板1个
玻璃碗4个
木棍1根
蛋糕刀1把
烤箱1台
白纸1张
烘焙纸1张

/tips/
将低筋面粉先过筛，能使蛋糕成品口感更佳。

做法

1 将25毫升食用油、30毫升水、25克低筋面粉、可可粉、5克淀粉、30克蛋黄搅匀，成蛋黄A。

2 将70克蛋白倒入玻璃碗中，加入30克细砂糖，用电动搅拌器快速搅匀。

3 加入2克塔塔粉，快速打发至呈鸡尾状，成蛋白A。

4 将蛋白A倒入蛋黄A中，用长柄刮板拌匀，制成可可粉蛋糕浆。

5 倒入铺有烘焙纸的烤盘里，用长柄刮板抹匀。

6 将生坯放入预热好的烤箱里，温度调为上、下火均为160℃，烤10分钟。

7 将10克淀粉、10克吉士粉、50克低筋面粉、55毫升食用油、65毫升水、45克蛋黄搅匀成蛋黄B。

8 将100克蛋白倒入玻璃碗中，加入30克细砂糖，用电动搅拌器快速搅匀。

9 加入2克塔塔粉，打发至鸡尾状，成蛋白B。

10 把蛋白B放入蛋黄B里，用长柄刮板搅匀，制成蛋糕浆。

  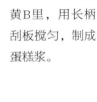   

11 打开箱门，把烤好的可可粉蛋糕取出，倒上蛋糕浆，用长柄刮板抹匀。

12 将材料放入预热好的烤箱中，以上火160℃、下火160℃烤10分钟至熟，取出。

13 倒扣在白纸上，撕去粘在蛋糕上的烘焙纸。

14 将蛋糕翻面，用木棍提起白纸，将蛋糕卷成卷。

15 摊开白纸，用蛋糕刀将蛋糕卷两端切齐整，再切成段，装入盘中即可。

红豆戚风蛋卷

🌡 上火180℃、下火160℃　⏰ 20分钟

原料

蛋黄5个
清水70毫升
细砂糖125克
低筋面粉70克
玉米淀粉55克
泡打粉2克
食用油55毫升
蛋白5个
塔塔粉3克
打发的植物鲜奶
油适量
红豆粒适量
透明果胶适量
椰丝适量

工具 /

电动搅拌器1个
搅拌器1个
筛网1个
玻璃碗2个
蛋糕刀1把
木棍1根
白纸1张
烘焙纸1张
烤箱1台
抹刀1把

/ tips /
卷好的蛋卷轻轻地压一下，以免蛋卷散开。

做法

1

将蛋黄、食用油倒入玻璃碗中，用搅拌器拌匀。

2

用筛网将低筋面粉、玉米淀粉、泡打粉筛至玻璃碗中，用搅拌器搅拌均匀。

3

依次将清水、28克细砂糖加入玻璃碗中，拌匀，制成蛋黄面糊。

4

将蛋白倒入玻璃碗中，用电动搅拌器打至起泡。

5

倒入97克细砂糖，快速打发。

6

加入塔塔粉，用电动搅拌器快速打发至鸡尾状，成蛋白面糊。

7

取一部分蛋白面糊倒入搅拌好的蛋黄面糊中，搅拌均匀。

8

再将搅拌好的材料加入到余下的蛋白面糊里，搅拌均匀。

9

倒入铺好烘焙纸的烤盘中，抹匀，均匀地撒上红豆粒。

10

将烤箱预热，放入烤盘，以上火180℃、下火160℃烤20分钟，取出，放凉。

11

从烤盘取出烤好的蛋糕，翻面，放在白纸上，撕去上面的烘焙纸，再翻面。

12

用抹刀将蛋糕表面均匀地抹上适量打发的植物鲜奶油。

13

把白纸的一端往上提，用木棍轻轻地往外卷起来，将蛋糕卷成蛋卷。

14

切除两端不平整的地方，再切成均匀的三等份。

15

刷上适量透明果胶，再粘上适量椰丝，装入盘中即可。

蔓越莓蛋糕卷

🌡 上火180℃、下火160℃　⏰ 20分钟

原料

蛋黄60克，蛋白140克，塔塔粉2克，水30毫升，食用油30毫升，低筋面粉70克，玉米淀粉55克，细砂糖140克，泡打粉2克，蔓越莓干、果酱各适量

工具

电动搅拌器、搅拌器、刮板、长柄刮板各1个，木棍1根，抹刀、蛋糕刀各1把，烤箱1台，烘焙纸1张，白纸1张，玻璃碗2个

做法

1. 取一个玻璃碗，倒入蛋黄、水、食用油、低筋面粉。
2. 再加入玉米淀粉、30克细砂糖、泡打粉，用搅拌器拌匀。
3. 另取一个玻璃碗，加入蛋白、110克细砂糖、塔塔粉，用电动搅拌器打至鸡尾状。
4. 将拌好的蛋白部分加入到蛋黄里，用长柄刮板搅拌搅匀。
5. 烤盘上铺上烘焙纸，均匀地在上面撒上适量蔓越莓干。
6. 将搅拌好的面糊倒入烤盘，倒至八分满。
7. 将烤盘放入预热好的烤箱内，上火调为180℃，下火调为160℃，烤20分钟后取出放凉。
8. 用刮板将蛋糕跟烤盘分离，将蛋糕倒在白纸上，撕掉底部烘焙纸，再翻面，用抹刀均匀地抹上适量果酱。
9. 将木棍垫在蛋糕的一端，轻轻提起，将蛋糕卷成卷。
10. 用蛋糕刀将两头不整齐的地方切除，切成大小均匀的蛋糕卷，装入盘中即可。

tips　撒蔓越莓干时应撒得均匀点，蛋糕会更美观。

水晶蛋糕

> **tips**
> 涂抹奶油时，转盘旋转的速度不能过快，以免涂抹不均匀。

原料

戚风蛋糕体1个，打发的植物鲜奶油适量，菠萝果肉50克，黄桃果肉50克，巧克力片40克，香橙果膏50克，猕猴桃1个，提子1个

工具 / 小刀、蛋糕刀、抹刀各1把，转盘1个

做法

1. 将洗净的猕猴桃去皮。
2. 用小刀在猕猴桃上切一圈齿轮花刀，再掰开成两半。
3. 依此将提子切成两瓣。
4. 把戚风蛋糕体放在转盘上，用蛋糕刀在其2/3处平切成两块。
5. 在切口上抹一层打发的植物鲜奶油，盖上另一块蛋糕。
6. 转动蛋糕转盘，同时在蛋糕上涂抹打发的植物鲜奶油，至包裹住整个蛋糕。
7. 用抹刀将奶油抹匀。
8. 倒上香橙果膏，用抹刀将其裹满整个蛋糕。
9. 把蛋糕装盘，再置于转盘上。
10. 在蛋糕底侧粘上巧克力片，放上菠萝果肉、黄桃果肉、猕猴桃、提子即可。

混合型蛋糕
HUN HE XING DAN GAO

黄油应提前半小时或一小时溶化、变软再用。

重芝士蛋糕

🌡 上火160℃、下火160℃ ⏱ 15分钟

原料

黄油20克，手指饼干40克，芝士210克，细砂糖20克，植物鲜奶油60克，蛋黄1个，全蛋1个，牛奶30毫升，焦糖适量

工具 / 圆形模具、电动搅拌器、裱花袋各1个，玻璃碗2个，勺子、剪刀各1把，烤箱1台，筷子1根

做法

1. 把手指饼干倒入玻璃碗中，捣碎，加入黄油，搅拌均匀。
2. 把黄油饼干碎装入圆形模具，用勺子压实、压平。
3. 把细砂糖倒入玻璃碗中，加入全蛋、蛋黄，用电动搅拌器快速搅匀。
4. 加入植物鲜奶油，搅匀。
5. 倒入芝士、牛奶，快速搅拌，搅成蛋糕浆。
6. 把蛋糕浆倒入圆形模具的黄油饼干糊上。
7. 将适量焦糖装入裱花袋中，用剪刀剪开一小口，挤在蛋糕浆面上，再用筷子划出花纹。
8. 将烤箱上、下火均调为160℃，预热5分钟，放入蛋糕生坯，烘烤15分钟至熟。
9. 戴上隔热手套，打开烤箱门，取出烤好的蛋糕，脱模后装盘即可。

tips: 电动搅拌器选中档,打发蛋白的效果会更好。

轻乳酪蛋糕

上火180℃、下火160℃　40分钟

原料

芝士200克,牛奶100毫升,黄油60克,玉米淀粉20克,低筋面粉25克,蛋黄75克,蛋白75克,细砂糖110克,塔塔粉3克

工具 / 长柄刮板1个,搅拌器1个,椭圆形模具1个,电动搅拌器1个,玻璃碗1个,奶锅1个,烤箱1台

做法

1. 奶锅置火上,倒入牛奶和黄油,拌匀。
2. 放入芝士,开小火,拌匀,略煮,至材料完全融合。
3. 关火待凉后倒入玉米淀粉、低筋面粉和蛋黄,用搅拌器搅拌匀,制成蛋黄油,待用。
4. 取一玻璃碗,倒入蛋白、细砂糖,撒上塔塔粉。
5. 用电动搅拌器快速搅拌一会儿,至蛋白九分发。
6. 倒入备好的蛋黄油,搅拌匀,使材料完全融合。
7. 用长柄刮板将拌好的材料注入椭圆形模具中,至八九分满,即成蛋糕生坯,待用。
8. 将生坯放在烤盘中,再推入预热的烤箱中。
9. 关好烤箱门,以上火180℃、下火160℃的温度烤约40分钟,至生坯熟透。
10. 断电后取出烤盘,将成品放凉后脱模,摆在盘中即成。

芝士蛋糕

🌡 上火220℃、下火170℃　⏰ 10分钟
🌡 上火170℃、下火170℃　⏰ 40分钟

原料

鸡蛋4个
奶油乳酪150克
黄油60克
牛奶100毫升
低筋面粉25克
塔塔粉2克
细砂糖100克
透明果酱适量

工具

椭圆形模具1个
电动搅拌器1个
长柄刮板1个
搅拌器1个
玻璃碗4个
烤箱1台
锅1个
烘焙纸1张

/tips/
做好的成品放入冰箱冷藏3小时，口感会更好。

做法

1 在椭圆形模具壁上均匀地抹上一层黄油,底部平铺一张烘焙纸。

2 将鸡蛋打开,把蛋黄和蛋白分别装入玻璃碗中。

3 将锅置于火上,注水烧热,放入玻璃碗,倒入牛奶、奶油乳酪,隔水加热至乳酪溶化。

4 倒入黄油,拌匀,至其溶化。

5 另取玻璃碗,放入低筋面粉、搅拌匀的乳酪黄油,用搅拌器搅拌均匀。

6 倒入4个蛋黄,搅拌均匀。

7 取装有蛋白的玻璃碗,用电动搅拌器将蛋白打至起泡。

8 倒入细砂糖,搅拌均匀,至其呈乳白状。

9 再倒入塔塔粉,搅拌均匀,至其呈鸡尾状。

10 用长柄刮板取部分蛋白,倒入拌好的蛋黄中,搅拌匀。

11 再倒入剩余的蛋白,搅拌均匀,至其呈面糊状。

12 拌好的面糊倒入椭圆形模具中。

13 在烤盘中注入适量清水,放入椭圆形模具。

14 烤盘放入烤箱,以上火220℃、下火170℃烤10分钟,再把上火调成170℃,续烤40分钟。

15 将蛋糕从烤箱取出,脱模,刷上适量透明果酱,装入盘中即可。

红豆乳酪蛋糕

上火180℃、下火180℃　15分钟

原料

芝士250克
鸡蛋3个
细砂糖20克
酸奶75克
黄油25克
红豆粒80克
低筋面粉20克
糖粉适量

工具

长柄刮板1个
筛网1个
电动搅拌器1个
玻璃碗1个
蛋糕刀1把
烤箱1台
白纸1张
烘焙纸1张

/tips/
鸡蛋不能一次都倒进去，否则不易搅拌匀。

好吃不发胖，纯天然精致西点DIY

做法

1 将芝士隔水加热至溶化。

2 取出芝士,倒入玻璃碗中,用电动搅拌器搅匀。

3 加入细砂糖、黄油、鸡蛋,搅拌均匀。

4 倒入低筋面粉,搅拌均匀。

5 放入酸奶、红豆粒,搅拌匀。

6 将拌好的材料倒入垫有烘焙纸的烤盘中,用长柄刮板抹平。

7 将烤箱预热,温度调成上火180℃、下火180℃。

8 放入烤盘,烤15分钟至熟。

9 从烤箱中取出烤好的蛋糕。

10 将烤盘倒扣在白纸上,取走烤盘,撕去蛋糕底部的烘焙纸。

11 把白纸另一端盖上蛋糕,将蛋糕翻面。

12 用蛋糕刀将蛋糕边缘修整齐。

13 再将蛋糕切成长约4厘米、宽约2厘米的块。

14 将蛋糕装入盘中,筛上适量糖粉即可。

舒芙蕾芝士蛋糕

🌡 上火160℃、下火160℃　⏱ 15分钟

原料

芝士200克
黄油45克
蛋黄60克
白糖75克
玉米淀粉10克
蛋白95克
牛奶150毫升

工具

电动搅拌器1个
搅拌器1个
长柄刮板1个
玻璃碗1个
奶锅1个
圆形模具1个
烤箱1台

tips
牛奶不宜长时间高温蒸煮，易变质。

做法

1
将备好的牛奶倒入奶锅中。

2
加入黄油,用搅拌器拌匀,煮至溶化。

3
加入白糖,搅拌至溶化。

4
加入芝士,将其搅拌均匀,煮至溶化。

5
将玉米淀粉加入奶锅中,搅拌。

6
放入蛋黄。

7
将奶锅中的材料搅拌均匀,制成蛋糕糊。

8
玻璃碗中倒入蛋白,加入白糖。

9
用电动搅拌器快速搅拌均匀,打发至呈鸡尾状。

10
将蛋糕糊加入蛋白中,用长柄刮板拌匀,制成蛋糕浆。

11
将蛋糕浆倒入圆形模具中,抹匀表面。

12
预热烤箱,温度调至上、下火均为160℃,放入圆形模具,烤15分钟至熟。

13
将圆形模具从烤箱中取出,稍微放凉。

14
将蛋糕脱模,装盘即可。

tips 冷冻芝士蛋糕前可在表面撒上柠檬皮碎。

柠檬冻芝士蛋糕

冰箱冷冻　⏰ 2小时

原料

饼干90克，黄油50克，芝士200克，植物奶油100克，酸奶100克，牛奶80毫升，吉利丁片3片，柠檬汁20毫升，朗姆酒5毫升，白糖45克

工具 / 搅拌器1个，擀面杖1根，圆形模具1个，玻璃碗1个，勺子1把，锅1个

做法

1. 把饼干装入碗中，用擀面杖捣碎，加入黄油搅拌均匀。
2. 把黄油饼干糊装入圆形模具中，用勺子压实、压平。
3. 吉利丁片放入清水中浸泡2分钟。
4. 锅中倒入酸奶、牛奶，用搅拌器搅拌均匀。
5. 倒入白糖，搅拌至溶化，加入柠檬汁，拌匀。
6. 放入吉利丁片，搅拌至溶化。
7. 倒入植物奶油，拌匀，加入朗姆酒，搅匀。
8. 倒入芝士，搅拌均匀，制成蛋糕浆。
9. 将蛋糕浆倒入饼干糊，将其放入冰箱中冷冻2小时至定型后取出。
10. 将取出的芝士蛋糕脱模，装盘即可。

tips / 可事先将芝士在常温下软化，更方便搅拌。

大理石冻芝士蛋糕

冰箱冷冻　4小时

原料

芝士250克，糖粉60克，黄油40克，饼干80克，吉利丁片2片，纯牛奶100毫升，植物鲜奶油150克，巧克力果膏适量

工具 / 电动搅拌器、圆形模具、长柄刮板各1个，玻璃碗3个，擀面杖1根，保鲜袋1个，锅1个，筷子1根，吹风机1个

做法

1. 玻璃碗中倒入黄油，放入锅中隔水加热至溶化。
2. 在保鲜袋中装入饼干，用擀面杖碾压成粉末状，装入玻璃碗中，再倒入溶化的黄油，搅拌均匀。
3. 把模具底放入圆形模具中，倒入拌匀的饼干末铺平，按压紧实。
4. 把吉利丁片放入清水中浸泡4分钟至变软，取出，沥干水分，放入纯牛奶中，搅拌至溶化。
5. 取一个玻璃碗，倒入芝士，用电动搅拌器快速搅拌均匀。
6. 倒入糖粉，拌匀，倒入植物鲜奶油，搅拌均匀。
7. 加入纯牛奶，并不停搅拌，制成芝士浆，倒入圆形模具中，用长柄刮板抹匀。
8. 倒入适量巧克力果膏，用筷子随意划成大理石花纹，放入冰箱冷冻4小时至成形，取出，用吹风机加热模具四周，脱模，装入盘中即可。

切一块丝滑蛋糕，尝出多重美味

棉花蛋糕

🌡 上火150℃、下火150℃　⏰ 20分钟

原料

溶化的黄油60克
低筋面粉80克
牛奶80毫升
细砂糖90克
蛋黄90克
蛋白75克
盐少许
香橙果酱适量

工具

电动搅拌器1个
长柄刮板1个
三角铁板1个
木棍1根
蛋糕刀1把
烤箱1台
玻璃碗2个
烘焙纸1张
白纸1张

/tips/
搅拌时要保证容器干净，以免影响口感。

做法

1 将蛋黄、少许盐倒入玻璃碗中,用电动搅拌器快速打发均匀。

2 加入30克细砂糖,打发均匀。

3 倒入低筋面粉,搅拌均匀。

4 倒入牛奶,搅拌均匀。

5 加入溶化的黄油,打发均匀,制成面糊。

6 将蛋白、剩余的细砂糖倒入另一个玻璃碗中,快速搅匀,制成蛋白部分。

7 将蛋白部分倒入面糊中,用长柄刮板拌成糊状。

8 在烤盘铺一张烘焙纸,倒入面糊,抹匀。

9 把烤盘放入烤箱,温度调为上火150℃、下火150℃,烤20分钟至熟,取出。

10 在案台上铺一张白纸,将烤盘倒扣在白纸上,撕去粘在蛋糕上的烘焙纸。

11 用三角铁板在蛋糕的一面均匀地抹上香橙果酱。

12 用木棍将白纸卷起,把蛋糕慢慢卷成卷,静置5分钟。

13 去掉白纸,将蛋糕两边切平整。

14 再将蛋糕对半切开,装盘即可。

原味提拉米苏

冰箱冷冻　⏰ 2小时

原料

蛋黄50克，白糖80克，水80毫升，吉利丁片2片，奶酪400克，黄油400克

工具 / 搅拌器、圆形模具各1个，蛋糕刀1把，保鲜膜适量，锅1个

做法

1. 把吉利丁片放入清水中，浸泡4分钟，取出，备用。
2. 锅置火上，倒入水、白糖，开小火，用搅拌器搅拌匀，煮至白糖溶化。
3. 倒入吉利丁片、黄油，搅匀。
4. 加入奶酪，煮至溶化。
5. 倒入蛋黄，搅匀。
6. 用保鲜膜将模具底部包好，倒入煮好的材料，冷冻2小时至成形。
7. 取出成品，去除保鲜膜，脱模，装入盘中。
8. 用蛋糕刀切成扇形块。
9. 把切好的提拉米苏装入盘中即可。

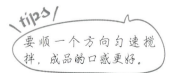

要顺一个方向匀速搅拌，成品的口感更好。

Part 4 嚼一块酥脆饼干，足够补充能量

饼干能提供能量，小小一块就足够饱腹。本章主要介绍各类酥脆饼干，包括酥性饼干、发酵饼干、薄脆饼干、曲奇饼干、华夫饼干，从大到小，颇显精致，是诚意满满之作，邀你亲尝。

酥性饼干
SU XING BING GAN

tips
戳小孔时勿戳太深，以免草莓酱溢出。

草莓酱可球

🌡 上火180℃、下火180℃ ⏰ 20分钟

原料

低筋面粉100克
黄油80克
糖粉45克
盐1克
鸡蛋20克
草莓果酱适量

工具 /

筷子1根
刮板1个
裱花袋1个
剪刀1把
烤箱1台

做法

1
在案台上倒入低筋面粉，用刮板开窝。

2
倒入糖粉、鸡蛋，用刮板搅拌均匀。

3
倒入黄油，稍稍按压拌匀。

4
加入盐，拌匀，将混合物按压均匀制成面团。

5
将面团等分成15克一个的小球，稍稍搓圆，放入烤盘。

6
用筷子粘少量面粉，在面团顶部戳一个深度合适的小孔。

7
将草莓果酱装入裱花袋中，尖端剪开一个小口。

8
将草莓果酱挤入戳好的小孔里。

9
预热烤箱，温度调成上、下火均为180℃。

10
将烤盘放入预热好的烤箱中，烤20分钟至熟。

11
取出烤盘，将烤好的草莓酱可球装盘即可。

娃娃饼干

上火170℃、下火170℃　　15分钟

原料

低筋面粉110克，黄油50克，鸡蛋25克，糖粉40克，盐2克，巧克力液130克

工具 / 刮板、圆形模具各1个，擀面杖1根，烤箱1台，竹签1根，高温布1块，烘焙纸1张

做法

1. 把低筋面粉倒在案台上，用刮板开窝。
2. 倒入糖粉、盐，加入鸡蛋，搅匀。
3. 放入黄油，将材料混合均匀，揉搓成纯滑的面团。
4. 用擀面杖把面团擀成0.5厘米厚的面皮。
5. 用圆形模具压出数个饼坯。
6. 在烤盘铺一块高温布，放入饼坯。
7. 放入烤箱，温度调为上火170℃、下火170℃，烤15分钟至熟，取出。
8. 在案台铺上一层烘焙纸，放上饼干。
9. 取出饼干，部分浸入巧克力液中，造出头发状。
10. 用竹签沾上巧克力液，在饼干上画出眼睛、鼻子和嘴巴。
11. 把饼干装入盘中即可。

/tips/ 揉面时间别太久，以免影响饼干酥松的口感。

香酥小饼干

上火170℃、下火170℃ 15分钟

原料

黄油100克，糖粉50克，熟蛋黄2个，盐少许，低筋面粉100克，玉米淀粉100克

工具 / 电动搅拌器、长柄刮板、刮板、玻璃碗各1个，烤箱1台

tips / 面团保持干湿度适中，才能压出微裂的花纹。

做法

1. 将黄油倒入玻璃碗中，用电动搅拌器快速打发。
2. 加入糖粉，搅拌均匀。
3. 放入熟蛋黄，搅拌匀。
4. 用长柄刮板将拌匀的材料刮到玻璃碗的中间，继续搅拌。
5. 将少许盐、玉米淀粉、低筋面粉倒入玻璃碗中。
6. 用刮板搅拌片刻，再倒在案台上，揉搓成面团。
7. 依次取下约20克的小面团，揉搓成圆形。
8. 放入烤盘，并用手在面团中间部位轻轻按压，使其微微裂开。
9. 烤箱温度调成上火170℃、下火170℃，预热。
10. 将烤盘放入烤箱，烤15分钟至熟，取出，装入盘中即可。

柳橙饼干

上火180℃、下火180℃　　15分钟

原料

奶油120克
糖粉60克
鸡蛋1个
低筋面粉200克
杏仁粉45克
泡打粉2克
橙皮末适量
橙汁15毫升

工具

电动搅拌器1个
筛网1个
刮板1个
玻璃碗1个
刷子1把
烤箱1台

tips
揉面时如果面团粘手，可以撒上适量面粉。

做法

1 将奶油、糖粉倒入玻璃碗中。

2 用电动搅拌器快速搅拌均匀。

3 先倒入鸡蛋的蛋白,快速拌匀。

4 再把剩下的蛋黄全部倒入,快速拌匀。

5 将低筋面粉、杏仁粉、泡打粉过筛至玻璃碗中。

6 用刮板将碗中材料搅拌均匀。

7 把搅拌好的材料倒在案台上,用手按压材料。

8 揉搓成面团。

9 将适量橙皮末放到面团上。

10 将面团揉搓成细长条。

11 用刮板将面团切出数个大小均等的小剂子。

12 将小剂子搓成圆球,放入烤盘。

13 再刷上橙汁,将烤盘放入烤箱,以上火180℃、下火180℃烤15分钟至熟。

14 从烤箱中取出烤盘,将饼干装入盘中即可。

Part 4 嚼一块酥脆饼干,足够补充能量 /121

\tips\
将面团压得薄一点,这样烤出来的饼干更脆。

美式巧克力豆饼干

上火170℃、下火170℃　20分钟

原料

黄油120克
糖粉90克
鸡蛋50克
低筋面粉170克
杏仁粉50克
泡打粉4克
巧克力豆100克

工具

电动搅拌器1个
长柄刮板1个
筛网1个
玻璃碗1个
烤箱1台
高温布1块

做法

1. 将黄油、泡打粉、糖粉倒入玻璃碗中。
2. 用电动搅拌器快速搅拌均匀。
3. 加入鸡蛋,搅拌均匀。

4. 将低筋面粉、杏仁粉过筛至玻璃碗中。
5. 用长柄刮板将材料搅拌均匀,制成面团。
6. 倒入巧克力豆,拌匀,并搓圆。
7. 取适量面团搓圆,放在铺有高温布的烤盘上,用手稍压平。

8. 将烤盘放入烤箱,以上、下火均为170℃烤20分钟至熟。
9. 从烤箱中将烤盘取出。
10. 将糖粉过筛至烤好的饼干上。
11. 将巧克力豆饼干装入盘中即可。

四色棋格饼干

🌡 上火160℃、下火160℃　⏱ 15分钟

原料

低筋面粉384克
黄油224克
糖粉168克
蛋清40克
可可粉12克
红曲粉12克
抹茶粉12克
香草粒2克
蛋黄30克

工具

刮板1个
刷子1把
蛋糕刀1把
烤箱1台
高温布1张
保鲜膜适量

tips　将面团冷冻至硬后再切，这样不易变形。

做法

1 把150克低筋面粉倒在案台上，放入香草粒，用刮板开窝。

2 倒入60克糖粉、25克蛋清、80克黄油，揉匀成香草面团。

3 把78克低筋面粉倒在案台上，放入可可粉，用刮板开窝。

4 倒入36克糖粉、15克鸡蛋、48克黄油，揉匀成巧克力面团，用手压成面片。

5 把做好的香草面团压平，刷上一层蛋黄，放上巧克力面片，用保鲜膜包好，放入冰箱冻至定型。

    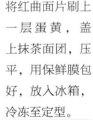

6 把78克低筋面粉倒在案台上，加入红曲粉，用刮板开窝。

7 倒入36克糖粉、15克鸡蛋、48克黄油，揉匀成红曲面团，用手压成面片。

8 把78克低筋面粉倒在案台上，加入抹茶粉，用刮板开窝。

9 倒入36克糖粉、15克蛋清、48克黄油，揉匀成抹茶面团，再用手压成面片。

10 将红曲面片刷上一层蛋黄，盖上抹茶面团，压平，用保鲜膜包好，放入冰箱，冷冻至定型。

11 取出冻好的面皮，分别去掉保鲜膜。

12 将红曲和抹茶面皮切成1.5厘米宽的条状。

13 将香草和巧克力面皮切成1.5厘米宽的条状。

14 将切好的面皮并在一起，切成方块，制成饼坯。

15 烤盘上铺高温布，放入饼坯。烤盘放入烤箱，以上、下火均为160℃烤15分钟后取出即可。

圣诞牛奶薄饼干

🌡 上火160℃、下火160℃　⏰ 20分钟

原料

食用油50毫升,细砂糖50克,肉桂粉2克,纯牛奶45毫升,低筋面粉275克,全麦粉50克,红糖粉125克

工具 / 刮板1个,擀面杖1根,叉子、量尺、小刀各1把,烤箱1台,高温布1块

牛奶不宜加太多,否则饼干生坯不易成形。

做法

1. 将低筋面粉、全麦粉、肉桂粉倒在案台上,用刮板开窝。
2. 倒入细砂糖、纯牛奶,用刮板拌匀。
3. 倒入红糖粉,拌匀。
4. 加入食用油,将材料混合均匀。
5. 揉搓成面团。
6. 用擀面杖将面团擀成0.5厘米厚的面皮。
7. 将边缘切齐整,用量尺对齐,切出数个小方块。
8. 把生坯放在铺有高温布的烤盘里。
9. 用叉子在生坯上扎上小孔。
10. 把烤箱调为上火160℃、下火160℃,预热8分钟。
11. 将生坯放入烤箱里,烤20分钟至熟,取出,稍凉后装入盘中即可。

牛奶方块小饼干

🌡 上火170℃、下火170℃ ⏰ 15~20分钟

原料

糖粉40克，低筋面粉145克，黄油35克，纯牛奶40毫升，鸡蛋15克，奶粉15克

工具 / 擀面杖1根，刮板1个，烤箱1台，刀1把

做法

1. 低筋面粉中倒入奶粉。
2. 将混合面粉倒在案台上，用刮板开窝。
3. 倒入糖粉、鸡蛋，搅拌均匀。
4. 倒入纯牛奶，拌匀。
5. 加入黄油。
6. 将混合物按压揉匀至成纯滑面团。
7. 用擀面杖将面团擀成约1厘米厚的面饼。
8. 用刀将面饼切成大约2厘米宽的方块，制成饼坯。
9. 烤盘中放入饼坯。
10. 将烤盘放入烤箱，调成上、下火均为170℃，烤15~20分钟至熟。
11. 取出烤盘，将烤好的饼干装碗即成。

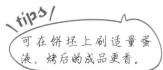

tips: 可在饼坯上刷适量蛋液，烤后的成品更香。

发酵饼干
FA JIAO BING GAN

tips / 切面团的时候不要拖动，以免破坏形状。

苏打饼干

上火200℃、下火200℃　10分钟

原料

酵母6克
水140毫升
低筋面粉300克
盐2克
小苏打2克
干粉少许
黄油60克

工具

刮板1个
擀面杖1根
叉子1把
菜刀1把
烤箱1台
高温布1块

做法

1 将低筋面粉、酵母、小苏打、盐倒在案台上，充分混匀。

2 用刮板在中间掏窝，倒入备好的水，用刮板搅拌使水被吸收。

3 加入黄油，一边翻搅一边按压，混匀，制成平滑的面团。

4 案台上撒少许干粉，用擀面杖将面团擀成0.1厘米厚的面皮。

5 用菜刀切去四周不整齐的地方，将面皮切成大小一致的长方片。

6 在烤盘内垫入高温布，将切好的面皮整齐地放入烤盘内。

7 用叉子依次在每个面片上戳上装饰花纹。

8 将烤盘放入预热好的烤箱内，关上烤箱门。

9 将烤箱温度调为上、下火均为200℃，烤10分钟至饼干松脆。

10 待10分钟过后，戴上隔热手套将烤盘取出放凉。

11 将烤好的饼干装入盘中即可。

芝麻苏打饼干

🌡 上火200℃、下火200℃　⏰ 10分钟

原料

酵母3克，水70毫升，低筋面粉150克，盐2克，小苏打2克，黄油30克，白芝麻、黑芝麻各适量，干粉少许

工具 / 擀面杖1根，刮板1个，叉子、尺子、菜刀各1把，烤箱1台，高温布1块

做法

1. 将低筋面粉、酵母、小苏打、盐倒在案台上，充分混匀，开窝，倒入水，用刮板拌匀，加黄油、适量黑芝麻、适量白芝麻，一边翻搅一边按压，混匀成平滑的面团。
2. 在案台上撒上少许干粉，放上面团，用擀面杖将面团擀制成0.1厘米厚的面皮。
3. 用菜刀将面皮四周不整齐的地方修掉，用尺子量好，将其切成大小一致的长方片。
4. 在烤盘内垫入高温布，将切好的面皮整齐地放入烤盘内。
5. 用叉子依次在每个面片上戳上装饰花纹。
6. 将烤盘放入预热好的烤箱内，关上烤箱门。
7. 上火温度调为200℃，下火调为200℃，烤10分钟至饼干松脆，取出放凉。
8. 将烤好的饼干装入盘中，即可食用。

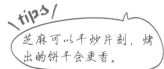

/tips/ 芝麻可以干炒片刻，烤出的饼干会更香。

红茶苏打饼干

上火200℃、下火200℃　10分钟

原料

酵母3克，水70毫升，低筋面粉150克，盐2克，小苏打2克，黄油30克，红茶末5克，干粉少许

工具

擀面杖1根，刮板1个，叉子、尺子、菜刀各1把，烤箱1台，高温布1块

做法

1. 将低筋面粉、酵母、小苏打、盐倒在案台上，充分混匀，开窝，倒入水，用刮板搅拌匀，加入黄油、红茶末，一边翻搅一边按压，将所有食材混匀制成平滑的面团。
2. 在案台上撒上少许干粉，放上面团，用擀面杖将面团擀制成0.1厘米厚的面皮。
3. 用菜刀将面皮四周不整齐的地方修掉，用尺子量好，将其切成大小一致的长方片。
4. 在烤盘内垫入高温布，将切好的面皮整齐地放入烤盘内。
5. 用叉子依次在每个面片上戳上装饰花纹。
6. 将烤盘放入预热好的烤箱内，关上烤箱门。
7. 上火温度调200℃，下火调为200℃，烤10分钟至饼干松脆，取出放凉。
8. 将烤好的饼干装入盘中，即可食用。

/tips/ 擀面时力道要均匀，才能使面片薄厚一致。

tips
用叉子戳洞时可多戳几个,以免烤制时裂开。

海苔苏打饼干

上火200℃、下火200℃　10分钟

原料
低筋面粉130克
奶粉10克
海苔5克
水40毫升
黄油30克
盐少许
小苏打少许

工具
擀面杖1根
刮板1个
圆形模具1个
叉子1把
烤箱1台
高温布1块

做法

1 将低筋面粉、奶粉、小苏打、盐倒在案台上，充分混匀。

2 在中间掏一个窝，倒入备好的水，用刮板搅拌使水被吸收。

3 加黄油、海苔，一边翻搅一边按压，混匀，揉成平滑的面团。

4 面板上撒少许面粉，用擀面杖将面团擀制成0.1厘米厚的面皮。

5 用圆形模具按压在面皮上，压出大小一致的圆形面皮。

6 在烤盘内垫入高温布，将切好的面皮整齐地放入烤盘内。

7 用叉子依次在每个面片上戳上装饰花纹。

8 将烤盘放入预热好的烤箱内，关上烤箱门。

9 将上、下火温度均调为200℃，烤10分钟，至饼干松脆。

10 待10分钟过后，戴上隔热手套将烤盘取出放凉。

11 烤好的饼干装入盘中即可食用。

嚼一块酥脆饼干，足够补充能量

高钙奶盐苏打饼干

🌡 上火170℃、下火170℃ ⏰ 15分钟

原料

低筋面粉130克
黄油20克
鸡蛋1个
食粉1克
酵母2克
盐1克
水40毫升
食用油10毫升
奶粉10克

工具 /

刮板1个
擀面杖1根
叉子1把
菜刀1把
尺子1把
烤箱1台
高温布1块

tips
可在饼坯上刷蛋黄液，烤好的饼干色泽更亮。

做法

1 将奶粉、100克低筋面粉、酵母、食粉混匀,倒在案台上,用刮板开窝。

2 倒入水、鸡蛋,混合均匀。

3 加入黄油,揉搓成面团。

4 将30克低筋面粉倒在案台上,加食用油、盐混合均匀,揉搓成小面团。

5 用擀面杖将大面团擀成面皮。

6 把小面团放在面皮上,压扁。

7 将大面皮两端向中间对折,用擀面杖擀平。

8 将两端向中间对折,再用擀面杖擀成方形面皮。

9 用菜刀将面皮边缘切齐整。

10 用叉子在面皮上均匀地扎上一排排小孔。

11 用尺子量好,把面皮切成长条。

12 再将长条块面皮切成方块,制成饼坯。

13 将制好的饼坯放入铺有高温布的烤盘里。

14 将烤盘放入预热好的烤箱里,以上火170℃、下火170℃烤15分钟至熟,取出,装入盘中即可。

Part 4 嚼一块酥脆饼干,足够补充能量

薄脆饼干
BAO CUI BING GAN

tips 可在饼浆中加入花生碎,增强香味及口感。

蛋白甜饼

🌡 上火160℃、下火160℃　⏱ 15分钟

原料
中筋粉50克
蛋白1个
糖粉50克
黄油50克

工具 /
玻璃碗1个
筛网1个
电动搅拌器1个
刮板1个
裱花袋1个
剪刀1把
高温布1块
烤箱1台

做法

1 取一玻璃碗,倒入黄油。

2 用电动搅拌器快速搅拌均匀。

3 倒入糖粉,快速拌匀。

4 加入蛋白,搅拌均匀。

5 将中筋粉过筛至玻璃碗中。

6 快速搅拌均匀,饼浆即成。

7 利用刮板将饼浆装入裱花袋中。

8 用剪刀在裱花袋的尖端剪出一个小口。

9 在烤盘中放入高温布,再在高温布上挤入大小均等的饼浆。

10 将烤盘放入烤箱,调成上、下火均为160℃,烤15分钟至熟。

11 戴上隔热手套,将烤盘取出。

12 将烤好的蛋白甜饼装盘即成。

芝麻薄脆饼

上火180℃、下火140℃ 10分钟

原料

低筋面粉20克，糖粉60克，溶化的黄油25克，蛋白100克，白芝麻25克，黑芝麻10克

工具 / 筛网、长柄刮板、玻璃碗、电动搅拌器各1个，锡纸适量，勺子1把

做法

1. 依次将低筋面粉、糖粉过筛至玻璃碗中。
2. 倒入蛋白、溶化的黄油，用电动搅拌器拌匀。
3. 再加入白芝麻、黑芝麻，用长柄刮板拌匀，放入冰箱冷藏30分钟。
4. 取铺有锡纸的烤盘，用勺子将面糊倒在锡纸上，摊平。
5. 将烤箱温度调成上火180℃、下火140℃。
6. 放入烤盘，烤10分钟至熟。
7. 取出烤盘，放置片刻至凉。
8. 将烤好的芝麻薄脆饼装入盘中即可。

Tips 将脆饼从锡纸上取下时要小心，以免弄碎。

南瓜籽薄片

上火170℃、下火170℃　8分钟

tips
南瓜籽可以最后撒在薄片生坯上，这样烤出来的薄片更加美观。

原料
低筋面粉35克，南瓜籽30克，鸡蛋1个，白糖30克，食用油10毫升

工具 / 搅拌器1个，玻璃碗1个，勺子1把，烤箱1台，高温布1块

做法
1. 把低筋面粉倒入玻璃碗中，倒入食用油、鸡蛋、白糖，用搅拌器搅匀。
2. 加入南瓜籽，搅匀。
3. 用勺子舀适量的浆汁，倒在铺有高温布的烤盘中，制成数个薄片生坯。
4. 将烤盘放入烤箱中，温度调为上火170℃、下火170℃，烤8分钟至熟。
5. 取出烤好的薄片，稍凉后装入盘中即可。

烤盘上铺高温布可防止薄饼粘在烤盘上。

抹茶薄饼

上火180℃、下火160℃　18分钟

原料

低筋面粉100克
奶粉55克
黄油95克
抹茶粉10克
糖粉80克
鸡蛋70克

工具

电动搅拌器1个
刮板1个
裱花袋1个
玻璃碗1个
剪刀1把
烤箱1台
高温布1块

做法

1 将黄油、糖粉倒入玻璃碗中。

2 用电动搅拌器打发均匀。

3 分两次倒入鸡蛋，搅拌均匀。

4 放入奶粉、低筋面粉、抹茶粉。

5 用电动搅拌器继续打发成糊状。

6 用刮板将面糊装入裱花袋中。

7 在尖端部位剪出一个小口。

8 将面糊挤入铺有一层高温布的烤盘中。

9 烤盘放入烤箱，以上火180℃、下火160℃烤18分钟至熟。

10 戴上隔热手套，取出烤盘。

11 将烤好的抹茶薄饼装盘即可。

Part 4　嚼一块酥脆饼干，足够补充能量

花生薄饼

🌡 上火150℃、下火150℃　⏰ 20分钟

原料

低筋面粉155克
奶粉35克
黄油120克
糖粉85克
盐1克
鸡蛋85克
牛奶45毫升
花生碎适量

工具

刮板1个
裱花袋1个
剪刀1把
烤箱1台
高温布1块

tips
挤面糊时要挤均匀些，以免影响成品外观。

做法

1
将黄油、糖粉倒在案台上。

2
用刮板揉搓均匀。

3
倒入鸡蛋，搅拌均匀。

4
加入牛奶，搅拌均匀。

5
放入低筋面粉、奶粉、盐。

6
将全部材料混合均匀。

7
继续搅拌，将材料搅成糊状。

8
将面糊装入裱花袋中。

9
用剪刀在裱花袋尖端部位剪出一个小口。

10
将面糊均匀地挤入铺有高温布的烤盘上。

11
在每团面糊上均匀地撒上适量花生碎。

12
将烤盘放入烤箱，以上、下火150℃烤20分钟至熟。

13
戴上隔热手套，取出烤盘。

14
将烤好的花生薄饼装盘即可。

杏仁瓦片

上火170℃、下火170℃　　10分钟

原料

黄油40克，全蛋1个，低筋面粉50克，杏仁片180克，细砂糖110克，蛋白100克

工具 / 三角铁板、电动搅拌器、玻璃碗各1个，烤箱1台，锡纸适量

做法

1. 将黄油隔水加热至溶化，待用。
2. 依次将蛋白、全蛋、细砂糖倒入玻璃碗中，用电动搅拌器拌匀。
3. 加入溶化的黄油，拌匀。
4. 再倒入低筋面粉，快速搅拌均匀。
5. 倒入杏仁片，用三角铁板搅拌均匀，静置30分钟。
6. 取铺有锡纸的烤盘，倒入四份杏仁糊，压平。
7. 将烤箱温度调成上火170℃、下火170℃。
8. 放入烤盘，烤约10分钟。
9. 取出烤盘，放置片刻至凉。
10. 取出杏仁瓦片，修整齐，装入盘中即可。

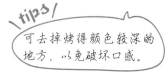

tips

可去掉烤得颜色较深的地方，以免破坏口感。

猫舌饼

上火180℃、下火180℃　　18分钟

原料

低筋面粉130克，黄油83克，糖粉130克，蛋白100克

工具 / 电动搅拌器、裱花袋、刮板、玻璃碗各1个，剪刀1把，高温布1块，烤箱1台

做法

1. 将黄油、糖粉倒入玻璃碗中。
2. 用电动搅拌器打发均匀。
3. 分三次倒入蛋白，搅拌均匀。
4. 放入低筋面粉。
5. 继续搅拌成糊状。
6. 用刮板将面糊装入裱花袋中。
7. 在尖端部位剪开一个小口。
8. 在铺有高温布的烤盘上横向挤入面糊。
9. 将烤盘放入烤箱中，以上火180℃、下火180℃烤约18分钟至熟。
10. 从烤箱中取出烤盘。
11. 将烤好的饼干装入盘中即可。

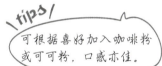

tips / 可根据喜好加入咖啡粉或可可粉，口感亦佳。

黑芝麻咸香饼

🌡 上火170℃、下火170℃ ⏰ 15分钟

原料

低筋面粉150克
黄油300克
鸡蛋1个
牛奶20毫升
白糖20克
熟黑芝麻20克
泡打粉3克
盐3克

工具

刮板1个
模具1个
擀面杖1根
烤箱1台
高温布1块

做法

1 将低筋面粉倒在案台上,用刮板开窝。

2 放入熟黑芝麻。

3 倒入牛奶,加入盐、白糖、泡打粉、鸡蛋拌匀。

4 将全部材料搅拌均匀。

5 加入黄油,揉搓成纯滑的面团,静置10分钟。

6 在案台上撒少许低筋面粉,用擀面杖把面团擀成面皮。

7 用模具在面皮上压出数个饼坯。

8 将饼坯分好。

9 在烤盘上铺一层高温布,放上制好的饼坯。

10 将烤盘放入烤箱,以上火170℃、下火170℃烤15分钟至熟。

11 取出烤好的饼干,装入容器中即可。

Part 4 嚼一块酥脆饼干,足够补充能量

曲奇饼干
QU QI BING GAN

tips
待黄油变软后再使用,这样更容易搅拌匀。

罗蜜雅饼干

上火180℃、下火150℃　15分钟

原料

黄油95克
糖粉50克
蛋黄15克
低筋面粉135克
糖浆30克
杏仁片适量

工具

屯动搅拌器1个
长柄刮板1个
三角铁板1个
裱花嘴1个
裱花袋2个
玻璃碗2个
烤箱1台
高温布1块

做法

1 将80克黄油倒入玻璃碗中，加入糖粉，用电动搅拌器搅匀。

2 加入蛋黄，快速搅匀。

3 倒入低筋面粉，用长柄刮板搅拌匀，制成面糊。

4 把拌好的面糊装入套有裱花嘴的裱花袋里，即成饼皮面糊。

5 将15克黄油、杏仁片、糖浆倒入玻璃碗中，用三角铁板拌匀。

6 把馅料装入裱花袋里，备用。

7 将饼皮面糊挤在铺有高温布的烤盘里。

8 把余下的饼皮面糊挤入烤盘里，制成饼坯。

9 用三角铁板将饼坯中间部位稍稍压平。

10 在饼坯中间挤上适量馅料。

11 烤盘放入烤箱，以上火180℃、下火150℃烤15分钟即可。

曲奇饼

🌡 上火180℃、下火150℃   ⏰ 15分钟

原料

奶油100克
食用油100毫升
糖粉125克
清水37毫升
牛奶香粉7克
鸡蛋1个
低筋面粉300克
巧克力100克

工具

筛网1个
电动搅拌器1个
裱花袋1个
裱花嘴1个
三角铁板1个
玻璃碗2个
勺子1把
烤箱1台
锡纸适量

tips 每次倒入食用油时，一定要搅拌均匀。

做法

1 将奶油、糖粉依次倒入玻璃碗中，用电动搅拌器快速拌匀。

2 倒入30毫升食用油，搅拌片刻。

3 再次倒入剩余的食用油，边倒边快速拌匀，至其呈白色即可。

4 打入鸡蛋，搅拌均匀。

5 将低筋面粉、牛奶香粉用筛网过筛，加入到玻璃碗中。

6 用电动搅拌器稍微搅拌一会儿，将粉团压碎。

7 用电动搅拌器快速搅拌均匀。

8 倒入适量清水，拌匀。

9 将裱花嘴装入裱花袋中，并用剪刀将裱花袋的尖端剪掉一小截。

10 用三角铁板将面糊装入裱花袋。

11 在烤盘平铺上锡纸，把面糊挤出各种花式。

12 将烤箱预热，放入烤盘，以上火180℃、下火150℃，烤15分钟，取出，放凉。

13 将巧克力隔水加热，溶成巧克力液，用勺子搅拌均匀。

14 把巧克力液粘到饼干上。

15 待巧克力液稍微干一些，再装入盘中即可。

奶酥饼

🌡 上火180℃、下火190℃ ⏰ 15分钟

原料

黄油120克，盐3克，蛋黄40克，低筋面粉180克，糖粉60克

工具 / 电动搅拌器、长柄刮板、裱花袋、裱花嘴、玻璃碗、筛网各1个，剪刀1把，烤箱1台，高温布1块

做法

1. 将黄油倒入玻璃碗中，加入盐、糖粉，用电动搅拌器快速搅匀。
2. 分次加入蛋黄，并搅拌均匀。
3. 将低筋面粉过筛至玻璃碗中，用长柄刮板拌匀，制成面糊。
4. 把面糊装入套有裱花嘴的裱花袋里，用剪刀剪开一个小口。
5. 以画圈的方式把面糊挤在铺有高温布的烤盘里，制成饼坯。
6. 把饼坯放入预热好的烤箱里。
7. 关上箱门，以上火180℃、下火190℃烤15分钟至熟。
8. 打开箱门，取出烤好的饼干，装入盘中即可。

/ tips /
饼干生坯的厚薄、大小都应一致，这样烤出来的成品外形更美观。

星星小西饼

上火180℃、下火180℃　　10分钟

原料

黄油70克,糖粉50克,蛋黄15克,低筋面粉110克,可可粉适量

工具 / 电动搅拌器1个,裱花袋1个,裱花嘴1个,玻璃碗1个,烤箱1台,高温布1块

做法

1. 将黄油倒入玻璃碗中,加入糖粉,用电动搅拌器快速搅拌均匀。
2. 加入蛋黄,搅匀。
3. 倒入低筋面粉,搅拌均匀。
4. 加入适量可可粉,搅拌均匀,制成饼干糊。
5. 把饼干糊装入套有裱花嘴的裱花袋里。
6. 将饼干糊挤在铺了高温布的烤盘上,制成饼干生坯,再放入预热好的烤箱里。
7. 关上箱门,以上火180℃、下火180℃烤10分钟至熟。
8. 打开箱门,取出烤好的饼干,装入盘中即可。

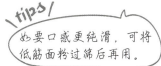

tips / 如要口感更纯滑,可将低筋面粉过筛后再用。

罗曼咖啡曲奇

上火180℃、下火160℃　　10分钟

原料

黄油62克
糖粉50克
蛋白22克
咖啡粉5克
开水5毫升
香草粉5克
杏仁粉35克
低筋面粉80克

工具

裱花袋1个
裱花嘴1个
玻璃碗2个
剪刀1把
高温布1块
电动搅拌器1个
烤箱1台

做法

1

将糖粉、黄油倒入玻璃碗中，用电动搅拌器快速拌匀。

2

倒入蛋白，快速拌匀，至食材融合在一起。

3

将开水注入咖啡粉中，晃动几下至咖啡粉溶化，制成咖啡液。

4

玻璃碗中再加入调好的咖啡液，快速拌匀。

5

倒入香草粉，搅拌匀。

6

再撒上杏仁粉，拌匀。

7

最后倒入低筋面粉，搅拌匀，至材料呈细腻的面糊状，待用。

8

取一裱花袋，放入裱花嘴，盛入拌好的面糊。

9

收紧袋口，再在袋底剪出一个小孔，露出裱花嘴，待用。

10

烤盘中垫一块高温布，挤入适量面糊，制成数个曲奇生坯。

11

烤盘放入烤箱，以上火180℃、下火160℃烤10分钟即可。

巧克力腰果曲奇

上火150℃、下火150℃　15分钟

原料

黄油90克
糖粉80克
蛋清60克
低筋面粉120克
可可粉15克
盐1克
腰果碎适量

工具

电动搅拌器1个
玻璃碗1个
裱花嘴1个
裱花袋1个
长柄刮板1个
剪刀1把
烤箱1台

做法

1 将黄油倒入玻璃碗中,加入糖粉,用电动搅拌器搅匀。

2 分两次加入蛋清,快速打发。

3 倒入低筋面粉、可可粉,搅匀。

4 加入盐,用电动搅拌器搅匀。

5 取一个裱花嘴,装入裱花袋里。

6 用剪刀在裱花袋尖角处剪开一个小口。

7 用长柄刮板把面糊装入裱花袋。

8 将面糊挤在烤盘上,制成数个曲奇生坯。

9 把适量腰果碎撒在生坯上。

10 把烤盘放入烤箱,以上、下火150℃烤15分钟至熟。

11 打开箱门,取出烤好的曲奇,装入容器里即可。

华夫饼干

HUA FU BING GAN

/tips/
华夫炉预热温度不要太高,以免将松饼烤焦。

香芋松饼

华夫炉200℃　2分钟

原料

牛奶200毫升
低筋面粉180克
蛋白3个
蛋黄3个
溶化的黄油30克
细砂糖75克
泡打粉5克
盐2克
黄油适量
蜂蜜适量
香芋色香油适量

工具

搅拌器1个
玻璃碗2个
电动搅拌器1个
长柄刮板1个
勺子1个
华夫炉1台
剪刀1把

做法

1

将细砂糖、牛奶倒入玻璃碗用搅拌器拌匀，加入低筋面粉拌匀。

2

倒入蛋黄、泡打粉，拌匀。

3

放入盐。

4

再倒入溶化的黄油，搅拌均匀，至其呈糊状。

5

将蛋白倒入另一个玻璃碗，用电动搅拌器打发。

6

把打发好的蛋白倒入面糊中，搅拌匀。

7

倒入适量香芋色香油，用长柄刮板拌匀，制成香芋浆糊。

8

将华夫炉温度调成200℃，预热，用勺子涂上黄油，至溶化。

9

将香芋浆糊倒入炉具中，至其起泡，盖上盖，烤2分钟至熟。

10

将烤好的香芋松饼装入盘中，用剪刀剪开。

11

松饼摆盘，淋上适量蜂蜜即可。

奶油松饼

华夫炉200℃　2分钟

原料

牛奶200毫升
低筋面粉180克
蛋白3个
蛋黄3个
溶化的黄油30克
细砂糖75克
泡打粉5克
盐2克
黄油适量
打发的鲜奶油10克

工具

搅拌器1个
玻璃碗2个
电动搅拌器1个
三角铁板1个
勺子1个
华夫炉1台
蛋糕刀1把
白纸1张

tips
奶油不要抹太多，以免影响口感。

做法

1 将细砂糖、牛奶倒入玻璃碗中，用搅拌器拌匀。

2 加入低筋面粉，搅拌均匀。

3 倒入蛋黄、泡打粉，拌匀。

4 放入盐。

5 再倒入溶化的黄油，搅拌均匀，至其呈糊状。

6 将蛋白倒入另一个玻璃碗，用电动搅拌器打发。

7 把打发好的蛋白倒入面糊中，搅拌匀。

8 将华夫炉温度调成200℃，预热片刻。

9 用勺子在华夫炉上涂适量黄油，至黄油溶化。

10 将拌好的材料倒入华夫炉中，至其起泡。

11 盖上盖，烤2分钟至熟。

12 揭开盖，取出烤好的松饼。

13 将松饼放在白纸上，用蛋糕刀切成四等份。

14 用三角铁板在一块松饼上抹上适量打发的鲜奶油，再叠上一块松饼。

15 依此将余下的松饼做成奶油松饼，再从中间切开，呈扇形，装盘即可。

抹茶格子松饼

 华夫炉170℃　 1分钟

原料

纯牛奶200毫升，细砂糖75克，低筋面粉180克，泡打粉5克，盐2克，蛋白、蛋黄各3个，溶化的黄油30克，黄油适量，抹茶粉10克，蜂蜜少许

工具 / 筛网、电动搅拌器、搅拌器各1个，勺子1个，玻璃碗2个，华夫炉1台，白纸1张

做法

1. 将蛋黄、低筋面粉、泡打粉、盐、细砂糖、纯牛奶倒入玻璃碗中，用搅拌器快速拌匀。
2. 加入溶化的黄油，快速拌匀。
3. 取另外一个玻璃碗，倒入蛋白，用电动搅拌器快速打发。
4. 将打发好的蛋白倒入拌好的蛋黄中，搅拌均匀。
5. 用筛网将抹茶粉筛入玻璃碗中，快速拌匀。
6. 将华夫炉温度调成170℃。
7. 用勺子在华夫炉上涂适量黄油。
8. 倒入适量拌好的材料烤至起泡。
9. 盖上盖，烤1分钟至其熟透。
10. 打开盖子，关闭开关，待凉后取出松饼。
11. 将烤好的松饼放在白纸上，沿着松饼的纹路切成四等份，装入盘中，淋上少许蜂蜜即可。

tips 加入的黄油要完全溶化，以免起团。

小松饼

华夫炉200℃　　1分钟

原料

牛奶200毫升，溶化的黄油30克，细砂糖75克，低筋面粉180克，泡打粉5克，盐2克，蛋白、蛋黄各3个，黄油适量

工具 / 华夫炉1台，搅拌器、电动搅拌器、刷子各1个，玻璃碗2个，勺子1个

tips: 揭盖后要放凉一会儿再取出松饼，以免烫伤。

做法

1. 将细砂糖、牛奶倒入玻璃碗中，用搅拌器拌匀。
2. 加入低筋面粉，搅拌均匀。
3. 倒入蛋黄、泡打粉，拌匀。
4. 放入盐，再倒入溶化的黄油，搅拌均匀，至其呈糊状。
5. 将蛋白倒入另一个玻璃碗中，用电动搅拌器打发。
6. 把打发好的蛋白倒入面糊中，搅拌匀。
7. 将华夫炉温度调成200℃，预热。
8. 用刷子在华夫炉上涂适量黄油，至其溶化。
9. 用勺子将少许浆糊倒入华夫炉中，至其起泡。
10. 盖上盖，烤1分钟至熟后装入容器中即可。

可丽饼

原料

黄油15克,白砂糖8克,盐1克,低筋面粉100克,鲜奶250毫升,鸡蛋3个,鲜奶油、草莓、蓝莓各适量,黑巧克力液适量

工具 / 搅拌器、玻璃碗各1个,煎锅1个,裱花袋2个,剪刀1把,花嘴模具1个

做法

1. 将鸡蛋、白砂糖倒入玻璃碗中用搅拌器快速拌匀,放入鲜奶、盐、黄油搅拌均匀,再将低筋面粉过筛至碗中,拌成糊状。
2. 将拌好的面糊放入冰箱,冷藏30分钟。
3. 煎锅置于火炉上,倒入面糊,煎约30秒至金黄色,呈饼状,折两折,装入盘中。
4. 依次将剩余的面糊倒入煎锅中,煎成面饼,以层叠的方式装入盘中。
5. 将花嘴模具装入裱花袋中,把裱花袋尖端部位剪开,倒入鲜奶油。
6. 在每一层面饼上挤入鲜奶油,再往盘子两边挤上适量的鲜奶油,将适量草莓摆放在盘子两边的鲜奶油上。
7. 在面饼上撒入适量蓝莓。
8. 将适量黑巧克力液倒入裱花袋中,并在尖端部位剪一个小口,在面饼上快速来回划几下即可。

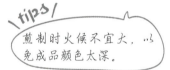

煎制时火候不宜大,以免成品颜色太深。

Part 5 品一款花样甜点,万千质感任选

甜点的难以抗拒,在于它独特的质感。本章介绍的甜点包括果冻、布丁、奶酪、泡芙、蛋挞、派、酥、马卡龙等,种类繁多,可能你只钟爱一款,可能你愿意亲尝所有,都是你的自由。

果冻类
GUO DONG LEI

草莓果冻

冰箱冷藏　　30分钟

原料

牛奶500毫升，果冻粉20克，白砂糖100克，焦糖、草莓各适量

工具 / 搅拌器、花形碗、奶锅各1个

做法

1. 将奶锅置于火炉上，烧热。
2. 倒入牛奶，煮沸。
3. 加入白砂糖、果冻粉，用搅拌器拌匀，煮开。
4. 将煮好的果冻液倒入花形碗中，放入冰箱冷藏30分钟。
5. 取出花形碗，将果冻倒扣在小盘中，再取走花形碗，果冻就成形了。
6. 在果冻上淋上适量焦糖，放上适量草莓装饰即可。

tips

以水温90℃时倒入果冻粉为最佳，以免破坏果冻粉中的胶质。

咖啡果冻

冰箱冷藏　1小时

原料

清水500毫升，细砂糖100克，咖啡粉20克，原味果冻粉20克，炼奶20克

工具 / 甜甜圈模具、搅拌器、奶锅、玻璃碗各1个

做法

1. 将清水倒入奶锅中，烧开待用。
2. 倒入咖啡粉，用搅拌器搅拌均匀，关火待用。
3. 将原味果冻粉倒入装有细砂糖的玻璃碗中。
4. 打开火，将细砂糖、原味果冻粉一起倒入锅中，快速拌匀，关火。
5. 将煮好的咖啡果冻水倒入甜甜圈模具中，放凉后放入冰箱冷藏1小时。
6. 把盘子倒扣在甜甜圈模具上，再将盘子反转过来。
7. 轻轻地取下甜甜圈模具，淋上炼奶即可。

tips: 水以加热到90℃为宜，这样才能使材料更好地溶化。

三色果冻

原料

水750毫升
细砂糖150克
果冻粉30克
咖啡粉10克
绿茶包2包
红茶包2包

工具

搅拌器1个
玻璃杯1个
奶锅1个
玻璃碗3个

/tips/
热好的果冻液应先放凉后再倒入杯中。

做法

1	*2*	*3*	*4*
往奶锅中注入250毫升水,用大火煮沸。	放入绿茶包,略煮一会儿,取出茶包。	将10克果冻粉倒入装有50克细砂糖的玻璃碗中,搅拌均匀。	把混合好的材料倒入锅中,用搅拌器快速拌匀后关火。

5	*6*	*7*	*8*	*9*
把煮好的绿茶果冻水倒入玻璃杯中,放凉。	锅中注入250毫升清水烧开,倒入咖啡粉,拌匀,关火。	将10克果冻粉倒入装有50克细砂糖的玻璃碗中,搅拌匀。	把混合好的材料倒入奶锅中,快速拌匀后关火。	将煮好的咖啡果冻水沿着玻璃杯的边缘倒入,形成两色果冻。

10	*11*	*12*	*13*	*14*
往奶锅中再次注入250毫升清水,大火烧开。	放入红茶包,略煮一会儿,取出茶包。	将10克果冻粉倒入装有50克细砂糖的玻璃碗中,搅拌均匀。	把混合好的材料倒入奶锅中,快速拌匀后关火。	将煮好的红茶果冻水倒入玻璃杯中,放凉后即成三色果冻。

巧克力果冻

冰箱冷藏　30分钟

原料

细砂糖50克，果冻粉10克，水250毫升，可可粉10克

工具 / 奶锅1个，锅勺1个，陶瓷模具2个

做法

1 奶锅置于灶上，倒入水，大火烧开。
2 加入可可粉，转小火煮至溶化。
3 倒入备好的细砂糖、果冻粉。
4 持续搅拌片刻使其均匀。
5 关火，将煮好的食材倒入陶瓷模具中，至八分满。
6 放凉后放入冰箱冷藏30分钟使其凝固。
7 从冰箱取出果冻即可。

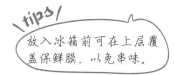

tips

放入冰箱前可在上层覆盖保鲜膜，以免串味。

红茶果冻

冰箱冷藏　⏰ 1小时

原料

水500毫升，原味果冻粉20克，细砂糖100克，红茶包2袋

工具 / 奶锅1个，玻璃碗2个，搅拌器1个

做法

1. 将水倒入奶锅中，大火烧开，待用。
2. 把红茶包放入热水中，浸泡至散出茶香味，取出茶包。
3. 将原味果冻粉倒入装有细砂糖的玻璃碗中。
4. 再将原味果冻粉、细砂糖一起倒入红茶水中，用搅拌器快速拌匀后关火。
5. 将煮好的红茶果冻水倒入玻璃碗中。
6. 待其放凉后放入冰箱冷藏1小时。
7. 把玻璃碗倒扣在备好的盘子上，取下玻璃碗即可。

tips
红茶浸泡时间不宜过长，以免口味偏苦。

品一款花样甜点，万千质感任选

布丁类
BU DING LEI

焦糖布丁

上火175℃、下火180℃　　15分钟

原料

蛋黄2个，全蛋3个，牛奶250毫升，香草粉1克，细砂糖250克，冷水适量

工具 / 搅拌器、筛网、量杯、玻璃碗各1个，牛奶杯数个，奶锅1个，烤箱1台

做法

1. 奶锅置小火上，倒入200克细砂糖，注入适量冷水，用搅拌器拌匀，煮约3分钟，至材料呈琥珀色。
2. 关火后倒出材料，装在牛奶杯，常温下冷却约10分钟，至糖分凝固。
3. 取一个干净的玻璃碗，倒入全蛋、蛋黄，放入50克细砂糖，撒上香草粉，搅拌均匀。
4. 注入牛奶，快速搅拌至糖分完全溶化，制成蛋液。
5. 将蛋液倒入量杯，再用筛网过筛两遍，滤出颗粒状杂质，使蛋液更细滑。
6. 取牛奶杯，倒入蛋液，至七八分满，制成焦糖布丁生坯，放入烤盘中，再在烤盘中倒入少许清水，待用。
7. 烤箱预热，放入烤盘，关好，以上火175℃、下火180℃的温度，烤15分钟，取出，待稍微冷却后即可食用。

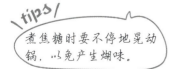

tips / 煮焦糖时要不停地晃动锅，以免产生糊味。

红茶布丁

🌡 上火170℃、下火160℃　⏰ 15分钟

原料

红茶包2袋，牛奶410毫升，细砂糖80克，鸡蛋1个，蛋黄4个

工具 / 搅拌器、筛网、量杯、玻璃碗各1个，牛奶杯数个，奶锅1个，烤箱1台

做法

1. 奶锅中倒入200毫升牛奶，用大火煮开。
2. 放入红茶包，转小火略煮一会儿，取出红茶包后关火。
3. 将蛋黄、鸡蛋、细砂糖倒入玻璃碗中，用搅拌器拌匀。
4. 倒入剩余的牛奶，快速搅拌均匀。
5. 用筛网将拌好的材料过筛两遍。
6. 倒入煮好的红茶牛奶，拌匀，制成红茶布丁液。
7. 将红茶布丁液倒入量杯中，再倒入牛奶杯内。
8. 把牛奶杯放入烤盘，在烤盘上倒入适量清水。
9. 将烤盘放入烤箱，温度调成上火170℃、下火160℃，烤15分钟至熟后取出烤盘，放凉即可。

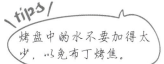

tips / 烤盘中的水不要加得太少，以免布丁烤焦。

抹茶焦糖双层布丁

冰箱冷藏　⏰ 1小时

原料

纯牛奶300毫升
植物鲜奶油50克
抹茶粉10克
细砂糖30克
吉利丁片4片
焦糖20克

工具 /

玻璃杯1个
玻璃碗2个
搅拌器1个
奶锅1个

tips
若不喜欢口味过甜，可适当减少糖的用量。

做法

1. 将2片吉利丁片放入冷水中浸泡4分钟至软化。
2. 奶锅中倒入150毫升纯牛奶、15克细砂糖。
3. 用小火加热，用搅拌器慢慢搅拌至细砂糖溶化。
4. 将泡软的吉利丁片捞出并挤干水分，放入奶锅中，煮至溶化。

5. 放入抹茶粉，搅拌均匀。
6. 加入25克植物鲜奶油，搅拌至溶化后关火，制成抹茶奶酪浆。
7. 取一玻璃杯，倒入抹茶奶酪浆至六分满，放入冰箱冷藏30分钟至凝固。
8. 将2片吉利丁片放入冷水中浸泡4分钟至软化。
9. 奶锅中倒入150毫升纯牛奶、15克细砂糖，用小火煮制，搅拌至细砂糖溶化。

10. 将泡软的吉利丁片捞出并挤干水分，放入奶锅中搅拌至溶化。
11. 倒入焦糖，搅拌均匀。
12. 倒入25克植物鲜奶油，搅拌匀后关火。
13. 制成焦糖浆。
14. 取出冷藏好的抹茶奶酪浆，倒入焦糖浆至八分满，再放入冰箱冷藏30分钟至成形后取出即成。

巧克力双色布丁

冰箱冷藏　1小时

原料

纯牛奶300毫升
细砂糖30克
巧克力果膏30克
可可粉5克
植物鲜奶油50克
吉利丁片4片

工具 /

玻璃杯1个
玻璃碗2个
搅拌器1个
奶锅1个

/ tips /
若没有巧克力果膏，可用巧克力块溶化代替。

做法

1
将2片吉利丁片放入冷水中浸泡4分钟至软化。

2
奶锅中倒入150毫升纯牛奶、15克细砂糖。

3
用小火加热，用搅拌器慢慢搅拌至细砂糖溶化。

4
将泡软的吉利丁片捞出，并挤干水分。

5
将吉利丁片放入奶锅中，搅拌至吉利丁片溶化。

6
倒入可可粉，搅拌均匀。

7
加入巧克力果膏，拌匀。

8
倒入25克植物鲜奶油搅拌至溶化后关火，制成巧克力奶酪浆。

9
取玻璃杯，倒入巧克力奶酪浆至六分满，放入冰箱冷藏30分钟至凝固。

10
将2片吉利丁片放入冷水中浸泡4分钟至软化。

11
奶锅中倒入150毫升纯牛奶、15克细砂糖，用小火加热，搅拌至细砂糖溶化。

12
将泡软的吉利丁片捞出并挤干水分，放入奶锅中搅拌至溶化。

13
倒入25克植物鲜奶油，搅拌匀后关火。

14
制成布丁浆。

15
取出冷藏好的巧克力奶酪浆，倒入布丁浆至七八分满，再放入冰箱冷藏30分钟后取出即可。

奶酪类
NAI LAO LEI

烤箱先预热，可使奶酪烤得更均匀。

黄金乳酪

上火190℃、下火170℃　20分钟

原料

奶酪200克
细砂糖100克
蛋白100克
酸奶60克
植物鲜奶油50克
玉米淀粉25克
朗姆酒适量

工具

电动搅拌器1个
玻璃碗1个
蛋糕纸杯4个
烤箱1台

做法

1　将蛋白、细砂糖倒入玻璃碗中。

2　用电动搅拌器打发至起泡。

3　加入奶酪,快速搅拌均匀。

4　倒入玉米淀粉,快速拌匀。

5　加入植物鲜奶油,搅拌均匀。

6　倒入酸奶,并快速搅拌均匀。

7　加入适量朗姆酒,搅拌均匀。

8　将材料搅拌成纯滑的面浆。

9　将蛋糕纸杯放入烤盘中,摆放好,倒入面浆,至八分满。

10　把烤盘放入预热好的烤箱中。

11　关上箱门,以上火190℃、下火170℃烤20分钟后取出即可。

英式红茶奶酪

🌡 上火170℃、下火170℃　⏰ 18分钟

🟢 原料

鸡蛋5个
细砂糖75克
黄油75克
盐1克
蛋糕油9克
低筋面粉265克
牛奶60毫升
水75毫升
泡打粉8克
红茶末12克
提子干少许
打发的鲜奶油适量

工具 /

电动搅拌器1个
玻璃碗1个
长柄刮板1个
剪刀1把
蛋糕刀1把
抹刀1把
烤箱1台
烘焙纸1张
白纸1张

/ tips /
添加少许盐能使奶酪的风味更佳。

做法

1
将鸡蛋、细砂糖倒入玻璃碗中，用电动搅拌器快速搅匀。

2
加入黄油，搅拌均匀。

3
倒入115克低筋面粉，放入蛋糕油、盐、泡打粉，用电动搅拌器搅拌匀。

4
一边加入牛奶，一边搅拌。

5
倒入150克低筋面粉，加入红茶末，快速搅拌成糊状。

6
加入少许提子干，搅拌均匀。

7
倒入水，并用电动搅拌器快速拌匀，搅拌成纯滑面浆。

8
用剪刀将烘焙纸四个角剪开。

9
把烘焙纸铺在烤盘里，倒入面浆，用长柄刮板抹平整。

10
把烤盘放入烤箱中，温度调为上火170℃、下火170℃，烤18分钟至熟后取出。

11
在案台上铺一张白纸，把烤好的奶酪倒扣在白纸上，撕掉粘在奶酪上的白纸。

12
用蛋糕刀将奶酪边缘切齐整，再将奶酪切成均等的长条块。

13
用抹刀在3块奶酪上均匀地抹上打发的鲜奶油。

14
将3块涂了鲜奶油的奶酪叠放在一起。

15
将叠好的奶酪对半切开，装入盘中即可。

Part 5 品一款花样甜点，万千质感任选

泡芙类
PAO FU LEI

tips: 制作面糊时,鸡蛋要分次倒入,更容易拌匀。

冰激凌泡芙

🌡 上火170℃、下火180℃　⏰ 10分钟

原料

低筋面粉75克
黄油55克
鸡蛋2个
牛奶110毫升
水75毫升
糖粉适量
冰激凌适量

工具

裱花袋1个
三角铁板1个
电动搅拌器1个
筛网1个
剪刀1把
小刀1把
勺子1个
锅1个
烤箱1台
高温布1块
玻璃碗1个

做法

1 将锅置火上，倒入水、牛奶、黄油，用三角铁板拌匀，煮沸。

2 关火后放入低筋面粉，拌匀，制成面团。

3 将面团倒入玻璃碗中，用电动搅拌器搅拌一下。

4 将鸡蛋逐个倒入玻璃碗中，搅拌均匀，制成面糊。

5 把面糊装入裱花袋中，尖端剪开一个小口。

6 取铺有高温布的烤盘，将面糊均匀地挤出九份到烤盘上。

7 把烤盘放入预热好的烤箱中。

8 将烤箱温度调成上火170℃、下火180℃，烤10分钟后取出。

9 将烤好的泡芙装入盘中，用小刀从中间横切一刀，但不切断。

10 用勺子舀适量冰激凌，填入切好的口中。

11 将适量糖粉用筛网过筛至冰激凌泡芙上即可。

脆皮泡芙

上火190℃、下火200℃　　20分钟

原料

细砂糖120克
牛奶香粉5克
奶油200克
低筋面粉100克
鸡蛋2个
牛奶100毫升
水65毫升
高筋面粉65克
樱桃适量

工具

刮板1个
裱花袋1个
三角铁板1个
搅拌器1个
菜刀1把
剪刀1把
锅1个
烤箱1台
锡纸适量
保鲜膜适量

tips
制泡芙浆时应趁热加高筋面粉，搅拌更轻松。

做法

1. 把低筋面粉倒在案台上，加入牛奶香粉，用刮板开窝。
2. 倒入100克奶油，撒上细砂糖。
3. 将材料混合均匀，至奶油溶化，制成面团。
4. 将面团揉成圆球状，用保鲜膜包好，冷藏约30分钟，使面粉醒发，即成脆皮。

5. 锅置火上，烧热，倒入水，注入牛奶。
6. 放入100克奶油，拌匀，用中小火加热，至其溶化。
7. 关火后倒入高筋面粉，用三角铁板快速拌匀。
8. 分次打入鸡蛋，用搅拌器搅拌一会儿，至材料呈糊状，即制成泡芙浆。
9. 取一个裱花袋，盛入泡芙浆，装好后剪开袋底，待用。

10. 烤盘中平铺上锡纸，慢慢地挤入泡芙浆，呈宝塔状，制成泡芙生坯。
11. 取冷藏好的面团，去除保鲜膜，切成若干薄片，即成脆皮。
12. 将脆皮平放在泡芙生坯上，摆放好，制成脆皮泡芙生坯。
13. 烤箱预热，放入烤盘，以上火190℃、下火200℃烤约20分钟至材料熟透。
14. 断电后取出烤盘，将烤熟的脆皮泡芙摆在盘中，点缀上适量樱桃即可。

tips / 鸡蛋应分次加入面糊，有利于掌握稀稠度。

日式泡芙

上火190℃、下火200℃　20分钟

原料

奶油60克，高筋面粉60克，鸡蛋2个，牛奶60毫升，水60毫升，植物鲜奶油300克，糖粉适量

工具 / 电动搅拌器、三角铁板、刮板、裱花嘴、筛网各1个，小刀1把，锅1个，烤箱1台，锡纸适量，裱花袋2个

做法

1. 将锅放在火上加热，依次加入水、牛奶、奶油，不断搅拌至混合均匀，煮至奶油溶化。
2. 关火，倒入高筋面粉，用三角铁板拌成团。
3. 打入一个鸡蛋，用电动搅拌器拌匀。
4. 加入另一个鸡蛋，继续拌匀至糊状。
5. 用刮板将泡芙浆装入装有裱花嘴的裱花袋中，再挤到铺有锡纸的烤盘上，呈宝塔状。
6. 将泡芙浆放入预热好的烤箱中，以上火190℃、下火200℃烤20分钟至金黄色，取出。
7. 用电动搅拌器慢速搅拌五分钟，将植物鲜奶油打发，装入裱花袋中。
8. 用小刀将泡芙横切一道口子，将打发的鲜奶油挤到泡芙中，再将适量糖粉撒在泡芙上即可。

tips / 烘烤时勿开烤箱门，以免泡芙遇冷收缩变小。

闪电泡芙

上火200℃、下火200℃　15分钟

原料

牛奶100毫升，水120毫升，黄油120克，低筋面粉50克，高筋面粉135克，鸡蛋220克，巧克力豆、巧克力液各适量，盐3克，白糖10克

工具 / 三角铁板、电动搅拌器、裱花袋、裱花嘴各1个，玻璃碗1个，剪刀1把，烤箱1台，白纸1张，高温布1块

做法

1. 把水倒入玻璃碗中，倒入白糖、牛奶。
2. 加入盐，拌匀，加入黄油，用三角铁板拌匀，煮至溶化。
3. 倒入高筋面粉，拌匀，加入低筋面粉，拌匀。
4. 把拌好的材料用电动搅拌器搅拌匀。
5. 分次加入鸡蛋，并搅拌均匀。
6. 将裱花嘴装入裱花袋，再剪一个小口，装入拌好的材料。
7. 在烤盘铺上高温布，将面团挤入烤盘，挤成大小适中的长条状。
8. 将烤盘放入烤箱，以上火200℃、下火200℃烤15分钟至熟，取出。
9. 将白纸铺在案台上，放上烤好的泡芙。
10. 倒入适量巧克力液，撒上适量巧克力豆装入盘中即可。

蛋挞类
DAN TA LEI

巧克力蛋挞

上火200℃、下火200℃ 10分钟

原料

低筋面粉75克，糖粉50克，黄油50克，蛋黄20克，水125毫升，细砂糖50克，鸡蛋100克，巧克力豆适量

工具 / 刮板1个，搅拌器1个，筛网1个，蛋挞模具数个，烤箱1台，玻璃碗1个

做法

1. 将低筋面粉倒在案台上，用刮板开窝。
2. 倒入糖粉、蛋黄、黄油，揉匀成光滑的面团。
3. 把面团搓成长条，用刮板分切成等份的剂子。
4. 将剂子放入蛋挞模具里，把剂子捏在模具内壁上，制成蛋挞皮。
5. 把鸡蛋倒入玻璃碗中，加入水、细砂糖，用搅拌器搅匀，制成蛋挞水，过两次筛，装回玻璃碗中。
6. 蛋挞皮放在烤盘里，倒入蛋挞水，装约八分满。
7. 逐个放入适量巧克力豆，制成蛋挞生坯。
8. 把烤箱温度调为上、下火均为200℃，预热5分钟，放入蛋挞生坯，烘烤10分钟至熟。
9. 戴上隔热手套，把烤好的蛋挞取出，脱模后装盘即可。

/tips/
粉类用之前应过筛。能去除面粉中的结块。

 椰挞液装约八分满，以免烤时膨胀后溢出。

樱桃椰香蛋挞

🌡 上火180℃、下火200℃　⏰ 17分钟

原料

糖粉175克，低筋面粉250克，黄油150克，白砂糖100克，鸡蛋2个，椰丝75克，泡打粉2克，食用油75毫升，水75毫升，吉士粉5克，透明果酱、切好的樱桃各10克

工具 / 蛋挞模具4个，搅拌器1个，刷子1把，锅1个，烤箱1台，玻璃碗1个

做法

1. 将黄油装入玻璃碗中，再加入75克糖粉、白砂糖，用搅拌器快速搅匀，至颜色变白，打入1个鸡蛋，搅拌均匀。
2. 加入110克低筋面粉，用搅拌器拌匀。
3. 再加入115克低筋面粉，拌匀，并揉成面团。
4. 将面团搓成长条，分成两半，用刮板切成30克一个的小剂子，搓圆，沾上低筋面粉，粘在蛋挞模具上，沿着边缘按紧，制成挞皮。
5. 锅中依次放入水、100克糖粉，搅匀，用小火煮至溶化，关火后按顺序倒入食用油、椰丝、25克低筋面粉、吉士粉、泡打粉、1个鸡蛋，拌匀，即成椰挞液，装入蛋挞模具中，至八分满，再将挞模放入烤盘中。
6. 预热烤箱，以上火180℃、下火200℃，烤17分钟后取出，脱模，放在盘中，用刷子刷上透明果酱，放上切好的樱桃装饰即成。

脆皮蛋挞

上火200℃、下火220℃　　10分钟

原料

低筋面粉220克
高筋面粉30克
黄油40克
细砂糖55克
盐1.5克
水250毫升
片状酥油180克
鸡蛋2个

工具

擀面杖1根
圆形模具1个
量杯1个
筛网1个
刮板1个
搅拌器1个
玻璃碗1个
蛋挞模具4个
烤箱1台
白纸1张

tips
在制作蛋挞液时,可以用牛奶代替清水。

做法

1
将低筋面粉、高筋面粉混匀,用刮板开窝。

2
倒入5克细砂糖、盐、125毫升水,用刮板拌匀,揉搓成光滑的面团。

3
在面团上放上黄油,揉搓成光滑的面团,静置10分钟。

4
将片状酥油用白纸包好,用擀面杖将片状酥油擀平,待用。

5
把面团擀成片状酥油2倍大的面皮,一端放上片状酥油,盖好,折叠成长方块。

6
在案台上撒少许低筋面粉,将包裹着片状酥油的面皮擀薄,对折四次。

7
将折好的面皮放入铺有少许低筋面粉的盘中,放入冰箱冷藏10分钟,将上述步骤重复操作三次。

8
在案台上撒少许低筋面粉,放上冷藏过的面皮,用擀面杖将面皮擀薄。

9
将圆形模具放在面皮上,压出四块圆形面皮。

10
把圆形面皮放入蛋挞模具中,沿模具边缘捏紧。

11
将125毫升水、50克细砂糖依次倒入玻璃碗中,用搅拌器拌匀,至细砂糖溶化。

12
把鸡蛋倒入碗中,搅拌均匀,再过筛两遍,使蛋挞液更细腻。

13
把蛋挞液倒入量杯,再倒入蛋挞模具中,至八分满,放入烤盘。

14
将烤盘放入烤箱,温度调成上火200℃、下火220℃,烤10分钟至熟,取出,脱模即可。

Part 5 品一款花样甜点,万千质感任选

脆皮葡挞

上火220℃、下火220℃　10分钟

原料

低筋面粉220克
高筋面粉30克
黄油40克
细砂糖7克
盐1.5克
水125毫升
片状酥油180克
蛋黄2个
牛奶100毫升
鲜奶油100克
炼奶适量
吉士粉适量

工具

擀面杖1个
筛网1个
搅拌器1个
圆形模具1个
量杯1个
玻璃碗1个
蛋挞模具4个
锅1个
烤箱1台
白纸1张

tips
因挞皮受热会膨胀，所以挞液倒八分满即可。

做法

1

将低筋面粉、高筋面粉混匀,用刮板开窝。

2

倒入5克细砂糖、盐、水,用刮板拌匀,揉搓成光滑的面团。

3

在面团上放上黄油,揉搓成光滑的面团,静置10分钟。

4

将片状酥油用白纸包好,用擀面杖将片状酥油擀平,待用。

5

把面团擀成片状酥油2倍大的面皮,一端放上片状酥油,盖好,折叠成长方块。

6

在案台上撒少许低筋面粉,将包裹着片状酥油的面皮擀薄,对折四次。

7

将折好的面皮放入铺有少许低筋面粉的盘中,放入冰箱冷藏10分钟,将上述步骤重复操作三次。

8

在案台上撒少许低筋面粉,放上冷藏过的面皮,用擀面杖将面皮擀薄。

9

将圆形模具在面皮上压出四块圆形面皮,沿着蛋挞模具边缘捏紧,制成挞皮。

10

将锅置于火上,倒入牛奶、2克细砂糖、炼奶,拌匀,煮沸。

11

再倒入鲜奶油、适量吉士粉,搅拌均匀,关火,待其冷却。

12

将冷却的浆液倒入玻璃碗中,加入蛋黄,用搅拌器搅拌均匀,制成葡挞液。

13

把葡挞液过筛两次后倒入量杯中,再倒入蛋挞模具中,至八分满,放入烤盘中。

14

将烤盘放入烤箱,温度调成上、下火均为220℃,烤10分钟后取出烤盘。

15

将脆皮葡挞脱模,装盘即可。

派类 PAI LEI

草莓派

🌡 上火180℃、下火180℃　⏲ 25分钟

原料

细砂糖55克，低筋面粉200克，牛奶60毫升，黄油150克，杏仁粉50克，鸡蛋1个，草莓100克，蜂蜜适量

工具 / 派皮模具、刮板、搅拌器、玻璃碗各1个，烤箱1台，保鲜膜适量

做法

1. 将低筋面粉用刮板开窝，倒入5克细砂糖、牛奶，用刮板搅拌匀。
2. 加入100克黄油，揉成面团，用保鲜膜包好，压平，放入冰箱冷藏30分钟。
3. 取出面团后轻轻地按压一下，撕掉保鲜膜，压薄。
4. 取一个派皮模具，盖上底盘，放上面皮，沿着模具边缘贴紧，切去多余的面皮。
5. 将50克细砂糖、鸡蛋倒入玻璃碗中，用搅拌器快速拌匀。
6. 加入杏仁粉、50克黄油，搅拌至糊状，制成杏仁奶油馅，倒入派皮模具内，至五分满，并抹匀，放入烤盘。
7. 把烤箱温度调成上火180℃、下火180℃，放入烤盘，烤25分钟后取出，放凉后脱模，装入盘中。
8. 沿着派皮的边缘摆上洗净的草莓，刷上适量蜂蜜即可。

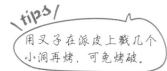

tips: 用叉子在派皮上戳几个小洞再烤，可免烤破。

黄桃派

🌡 上火180℃、下火180℃ ⏲ 25分钟

原料

细砂糖55克，低筋面粉200克，牛奶60毫升，黄油150克，杏仁粉50克，鸡蛋1个，黄桃肉60克

工具 / 刮板、搅拌器、派皮模具、玻璃碗各1个，烤箱1台，保鲜膜适量，刀1把

tips
派皮不要太薄，以免在脱模的时候碎掉。

做法

1. 将低筋面粉用刮板开窝，倒入5克细砂糖、牛奶，用刮板搅拌匀。
2. 加入100克黄油，揉成面团，用保鲜膜包好，压平，放入冰箱冷藏30分钟。
3. 取出面团后轻轻地按压一下，撕掉保鲜膜，压薄。
4. 取一个派皮模具，盖上底盘，放上面皮，沿着派皮模具边缘贴紧，切去多余的面皮。
5. 将50克细砂糖、鸡蛋倒入玻璃碗中，用搅拌器快速拌匀。
6. 加入杏仁粉、50克黄油，搅拌至糊状，制成杏仁奶油馅。
7. 将杏仁奶油馅倒入模具内，至五分满，并抹匀，放入烤盘。
8. 把烤箱温度调成上、下火均为180℃，放入烤盘，烤25分钟后取出，放凉，脱模。
9. 用刀将黄桃肉切成薄片，摆放在派上即可。

杏仁牛奶苹果派

上火180℃、下火180℃　30分钟

原料

细砂糖55克
低筋面粉200克
牛奶60毫升
黄油150克
杏仁粉50克
鸡蛋1个
苹果1个
蜂蜜适量

工具

刮板1个
搅拌器1个
长柄刮板1个
派皮模具1个
玻璃碗2个
刷子1把
烤箱1台
保鲜膜适量
刀1把

tips
切好的苹果放入淡盐水浸泡，可防氧化变黑。

做法

1. 将低筋面粉倒在案台上，用刮板开窝。
2. 倒入5克细砂糖、牛奶，用刮板搅拌匀。
3. 加入100克黄油，和成面团。
4. 用保鲜膜将面团包好，压平，再放入冰箱冷藏30分钟。
5. 取出面团后轻轻地按压，撕掉保鲜膜，再压薄。

6. 取派皮模具，盖上底盘，放上面皮，沿着模具边缘贴紧，切去多余的面皮。
7. 再次沿着模具边缘将面皮压紧。
8. 将50克细砂糖、鸡蛋倒入玻璃碗中，用搅拌器快速拌匀。
9. 加入杏仁粉、50克黄油，搅拌至糊状，制成杏仁奶油馅。
10. 用刀将洗净的苹果切块，去核，再切成薄片，放入淡盐水中，浸泡5分钟。

11. 将杏仁奶油馅倒入模具内，用长柄刮板抹平整。
12. 将沥干水分的苹果片整齐摆放在派皮上，至摆满为止。
13. 倒入适量杏仁奶油馅，将派皮模具放入烤盘，再放进冰箱冷藏20分钟。
14. 取出烤盘后再放入烤箱，将烤箱温度调成上火、下火均为180℃，烤30分钟至熟后取出。
15. 将苹果派脱模后装入盘中，刷上适量蜂蜜即可。

Part 5 品一款花样甜点，万千质感任选

酸奶乳酪派

🌡 上火170℃、下火170℃　⏰ 20分钟

冰箱冷冻　⏰ 1小时

原料

黄油175克
白糖92克
鸡蛋100克
低筋面粉285克
玉米淀粉50克
泡打粉2.5克
乳酪93克
炼乳67克
酸奶75克
吉利丁适量

工具

刮板1个
派皮模具1个
搅拌器1个
玻璃碗1个
叉子1个
小刀1把
奶锅1个
烤箱1台

tips：加黄油可提高面团伸展性，增加成品柔软度。

做法

1

将225克低筋面粉倒在案台上，放入玉米淀粉。

2

用刮板开窝，倒入87克白糖、泡打粉、45克鸡蛋，用刮板搅拌均匀。

3

放入黄油，混合均匀，揉搓成光滑的面团。

4

取适量面团，用手压成0.9厘米厚的面饼。

5

把面饼放入派皮模具中，使其紧贴于模具底部和边缘。

6

用叉子在派皮上扎出数个小孔，备用。

7

玻璃碗中倒入55克鸡蛋、5克白糖、炼乳、60克低筋面粉，用搅拌器搅匀。

8

加入乳酪，搅拌均匀。

9

将拌好的馅料倒入派皮中，再放在烤盘上。

10

放入烤箱中，以上火170℃、下火170℃烤20分钟至熟后取出烤好的乳酪。

11

把吉利丁放入清水中浸泡至软后取出，沥干水分，装盘备用。

12

奶锅中倒入酸奶，放入泡软的吉利丁，搅匀，煮至溶化。

13

把煮好的材料倒在烤好的乳酪上，再将派放入冰箱冷冻1小时后取出。

14

取出冻好的成品，再切成小块，装盘即可。

罗兰酥

🌡 上火190℃、下火190℃　⏰ 15分钟

原料

黄油125克
细砂糖75克
低筋面粉100克
蛋黄2个
高筋面粉100克
蔓越莓果酱适量

工具

刮板1个
擀面杖1根
圆形模具2个
勺子1个
刷子1把
烤箱1台

做法

1 将高筋面粉、低筋面粉倒在案台上，刮板开窝。

2 加入细砂糖、蛋黄，用刮板搅拌均匀。

3 放入黄油，混合均匀，揉搓成光滑面团。

4 压扁面团，用擀面杖擀成约0.5厘米厚的面皮。

5 用圆形模具压出12个圆形面皮。

6 用小一号圆形模具在其中6块中心压出小一圈面皮，去边角料。

7 再把较小的面皮去掉，制成6个环状面皮，刷上一层蛋黄。

8 将环状面皮分别叠放在6块圆形面皮上。

9 将生坯放在烤盘里，再刷上一层蛋黄。

10 用勺子舀适量蔓越莓果酱，装入环内。

11 将生坯放入烤箱，以上、下火均190℃烤15分钟后取出即可。

千层糖酥

上火190℃、下火200℃　20分钟

原料

低筋面粉220克
高筋面粉30克
黄油40克
细砂糖5克
盐1.5克
清水125毫升
片状酥油180克
蛋黄液适量
糖粉适量

工具 /

擀面杖1个
圆形模具1个
刮板1个
筛网1个
量尺1把
刀1把
刷子1把
烤箱1台
白纸1张

tips
千层糖酥的烘烤时间要根据面皮的大小决定。

做法

1 将低筋面粉、高筋面粉混匀,用刮板开窝。

2 倒入细砂糖、盐、清水,用刮板拌匀,揉搓成光滑的面团。

3 在面团上放上黄油,揉搓成光滑的面团,静置10分钟。

4 将片状酥油用白纸包好,用擀面杖将片状酥油擀平,待用。

5 用擀面杖把面团擀成片状酥油2倍大的面皮。

6 将片状酥油放在面皮的一边,将另一边的面皮覆盖上片状酥油,折叠成长方块。

7 在案台上撒少许低筋面粉,将包裹着片状酥油的面皮擀薄,对折四次。

8 将折好的面皮放入铺有少许低筋面粉的盘中,放入冰箱冷藏10分钟,将上述步骤重复操作三次。

9 在案台上撒少许低筋面粉,放上冷藏过的面皮,用擀面杖将面皮擀薄。

10 将量尺放在面皮边缘,用刀将面皮边缘切平整。

11 把圆形模具放在面皮上,压出四块圆形面皮。

12 将圆形面皮放入烤盘,刷上适量蛋黄液。

13 将圆形面皮对半折起,再刷上适量蛋黄液。

14 将烤盘放入烤箱中,温度调成上火190℃、下火200℃,烤20分钟至熟,取出。

15 将糖粉过筛至千层糖酥上,装入盘中即可。

马卡龙类
MA KA LONG LEI

tip3 待面糊凝固成形后再放入烤箱,以防烤变形。

马卡龙

上火150℃、下火150℃　15分钟

原料

细砂糖150克
水30毫升
蛋白95克
杏仁粉120克
糖粉120克
打发的鲜奶油适量

工具

电动搅拌器1个
刮板1个
筛网1个
长柄刮板1个
裱花袋2个
硅胶1块
剪刀1把
温度计1支
奶锅1个
玻璃碗3个
烤箱1台

做法

1 将奶锅置于火上，倒入水、细砂糖，拌匀。

2 煮至细砂糖完全溶化，用温度计测水温为118℃后关火。

3 将50克蛋白倒入玻璃碗中，用电动搅拌器打发至起泡。

4 一边倒入煮好的糖浆，一边搅拌，制成蛋白部分，备用。

5 在另一个玻璃碗中倒入杏仁粉，再将糖粉过筛至碗中。

6 加入45克蛋白搅成糊状，倒入三分之一的蛋白部分，刮板拌匀。

7 把拌好的材料倒入剩余蛋白部分中拌匀成面糊，倒入裱花袋中。

8 把硅胶放在烤盘上，用剪刀在裱花袋尖端部位剪开一个小口。

9 在烤盘中挤上大小均等的圆饼状面糊，待其凝固成形。

10 将烤盘放入烤箱，以上、下火均150℃烤15分钟，取出放凉。

11 用长柄刮板把打发好的鲜奶油装入裱花袋，在尖端处剪开小口。

12 取一块烤好的面饼，挤上适量打发的鲜奶油。

13 再取一块面饼盖在鲜奶油上，制成马卡龙，装盘即可。

抹茶马卡龙

上火150℃、下火150℃　　15分钟

原料

细砂糖150克
水30毫升
蛋白95克
杏仁粉120克
糖粉120克
打发的鲜奶油适量
抹茶粉5克

工具 /

电动搅拌器1个
刮板1个
筛网1个
长柄刮板1个
裱花袋2个
硅胶1块
剪刀1把
温度计1支
奶锅1个
玻璃碗3个
烤箱1台

tips
若没有鲜奶油，可用其他甜品酱料替代。

做法

1
将奶锅置于火上,倒入水、细砂糖,拌匀。

2
煮至细砂糖完全溶化,用温度计测水温为118℃后关火。

3
将50克蛋白倒入玻璃碗中,用电动搅拌器打发至起泡。

4
一边倒入煮好的糖浆,一边搅拌,制成蛋白部分,备用。

5
在另一玻璃碗中倒入杏仁粉,将糖粉过筛至玻璃碗中。

6
加入45克蛋白,用刮板搅拌均匀成糊状。

7
倒入三分之一的蛋白部分,搅拌均匀。

8
把拌好的材料倒入剩余的蛋白部分中,拌匀,制成面糊。

9
加入抹茶粉,搅拌均匀,制成抹茶面糊,装入裱花袋中。

10
用剪刀在尖端部位剪开一个小口,把硅胶放在烤盘上。

11
在烤盘中挤上大小均等的圆饼状面糊,待其凝固成形。

12
将烤盘放入烤箱中,以上、下火均150℃烤15分钟至熟,取出烤盘,放凉待用。

13
用长柄刮板把打发的鲜奶油装入裱花袋中,在尖端部位剪开一个小口。

14
取一块烤好的面饼,挤上适量打发的鲜奶油。

15
再取一块面饼,盖在鲜奶油上方,制成马卡龙,依此做完余下的材料,装入盘中即成。

巧克力马卡龙

上火150℃、下火150℃　　15分钟

▎原料

细砂糖150克
水30毫升
蛋白95克
杏仁粉120克
糖粉120克
巧克力液适量
芒果酱适量

▎工具

电动搅拌器1个
刮板1个
筛网1个
长柄刮板1个
裱花袋3个
硅胶1块
剪刀1把
温度计1支
奶锅1个
玻璃碗3个
烤箱1台

/tips/
巧克力酱里可加适量花生碎，口感会更好。

做法

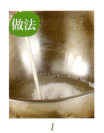    

1. 将奶锅置于火上，倒入水、细砂糖，拌匀。
2. 煮至细砂糖完全溶化，用温度计测水温为118℃后关火。
3. 将50克蛋白倒入玻璃碗中，用电动搅拌器打发至起泡。
4. 一边倒入煮好的糖浆，一边搅拌，制成蛋白部分，备用。
5. 在另一个玻璃碗中倒入杏仁粉，将糖粉过筛至玻璃碗中。

6. 加入45克蛋白，用刮板搅拌均匀成糊状。
7. 倒入三分之一的蛋白部分，搅拌均匀。
8. 把拌好的材料倒入剩余的蛋白部分中，拌匀，制成面糊，倒入裱花袋中。
9. 把硅胶放在烤盘上，用剪刀在裱花袋尖端部位剪开一个小口。
10. 在烤盘中挤上大小均等的圆饼状面糊，待其凝固成形。

11. 将烤盘放入烤箱中，以上、下火均150℃烤15分钟至熟，取出烤盘，放凉待用。
12. 用长柄刮板将巧克力液装入裱花袋中，尖端剪一个小口，在烤好的面饼上挤入巧克力液。
13. 用电动搅拌器将芒果酱打发至粘稠状，装入裱花袋中，尖端剪一个小口。
14. 取一块面饼，挤上适量芒果酱。
15. 再盖上另一块面饼，制成巧克力马卡龙，依此做完余下的材料，装入盘中即可。

其他甜点
QI TA TIAN DIAN

tips
米糕较粘手,操作时可在手上沾点粉再操作。

雪媚娘

原料

三洋糕粉100克
牛奶180毫升
玉米淀粉30克
食用油10毫升
打发鲜奶油适量
海绵蛋糕适量

工具 /

三角铁板1个
刮板1个
搅拌器1个
奶锅1个
小刀1把
保鲜膜适量

做法

1
将海绵蛋糕切成片，再切成粒，装碗，待用。

2
将牛奶、食用油入奶锅加热，用三角铁板拌匀，改小火加热。

3
再加入玉米淀粉，搅拌均匀。

4
将三洋糕粉分次倒入奶锅中。

5
用搅拌器不停搅拌至其呈糕状。

6
再揉搓成长条状，用刮板切成小剂子。

7
将小剂子放在保鲜膜上，包好，压平。

8
把切好的海绵蛋糕粘上打发的鲜奶油，放在压平的小剂子上。

9
包好呈球形。

10
再粘上少许三洋糕粉。

11
装入盘中即可。

蜜奶铜锣烧

原料

低筋面粉240克
鸡蛋200克
食粉3克
水6毫升
牛奶15毫升
蜂蜜60克
食用油40毫升
细砂糖80克
糖液适量

工具

搅拌器1个
筛网1个
裱花袋1个
三角铁板1个
剪刀1把
刷子1把
玻璃碗1个
煎锅1个

tips 鸡蛋要完全打发,这样做出的成品更蓬松。

做法

1
将水、牛奶、细砂糖逐一倒入玻璃碗中。

2
用搅拌器拌匀。

3
加入食用油、鸡蛋,用搅拌器快速搅拌均匀。

4
放入蜂蜜,搅拌均匀。

5
将低筋面粉、食粉逐一过筛至玻璃碗中。

6
快速搅拌,制成糊状。

7
将面糊倒入裱花袋中。

8
用剪刀在裱花袋的尖端部位剪开一个小口。

9
煎锅置于火上,倒入适量面糊。

10
用小火将面糊煎至起泡。

11
用三角铁板翻面,将两面煎至熟即成,再依此将余下的面糊煎成面皮。

12
将煎好的面皮放入盘中,刷上适量糖液。

13
再放上一张煎好的面皮,即成铜锣烧。

14
依此将余下的面皮全部做成铜锣烧即可。

巧克力糖

冰箱冷藏　⏰ 10分钟

原料

黑巧克力液300克，白巧克力液适量

工具 / 裱花袋2个，软胶模具1个，剪刀1把，白纸1张

做法

1. 将黑巧克力液倒入裱花袋中。
2. 在尖端部位剪开一个小口。
3. 将黑巧克力液挤入到软胶模具中，至九分满即可。
4. 把模具放入冰箱，冷藏10分钟。
5. 在案台上铺一张白纸。
6. 取出模具，倒扣在白纸上，脱模。
7. 把适量白巧克力液装入裱花袋中。
8. 在尖端部位剪开一个小口。
9. 依次在黑巧克力糖上斜划几下即成。
10. 将做好的巧克力糖装入盘中即可。

裱花袋勿剪太大口，否则挤出的形状不美观。